中国地质调查成果 CGS 2020-026
“鄂 东 — 湘 东 北 地 区 地 质 矿 产 调 查（DD20160031）”
“长江经济带中段红安—咸宁地区区域地质调查（DD20190050）” 项目资助

幕阜山西北缘中生代岩浆岩与稀有金属成矿

MUFUSHAN XIBEIYUAN ZHONGSHENGDAI YANJIANGYAN YU XIYOU JINSHU CHENGKUANG

田 洋 金 巍 王 晶 柯贤忠
王连训 李乐广 徐 扬 龙文国 编著

中国地质大学出版社
ZHONGGUO DIZHI DAXUE CHUBANSHE

目　录

第一章 绪 言

第一节 自然地理概况

一、交通位置

幕阜山地区位于湘鄂赣三省交界区，北至湖南桃林—湖北通城一线，东达江西靖安，南至湖南平江三墩乡，西沿湖南岳阳新开镇—月田镇一线，构造上曾称幕阜山构造块体。幕阜山西北缘行政区划为湖南省岳阳市和湖北省咸宁市通城县所管辖(图1-1)，具体包括岳阳市西塘镇、长塘镇、白羊田镇、詹桥镇和毛田镇等，咸宁市通城县北港镇、石南镇，为本书的重

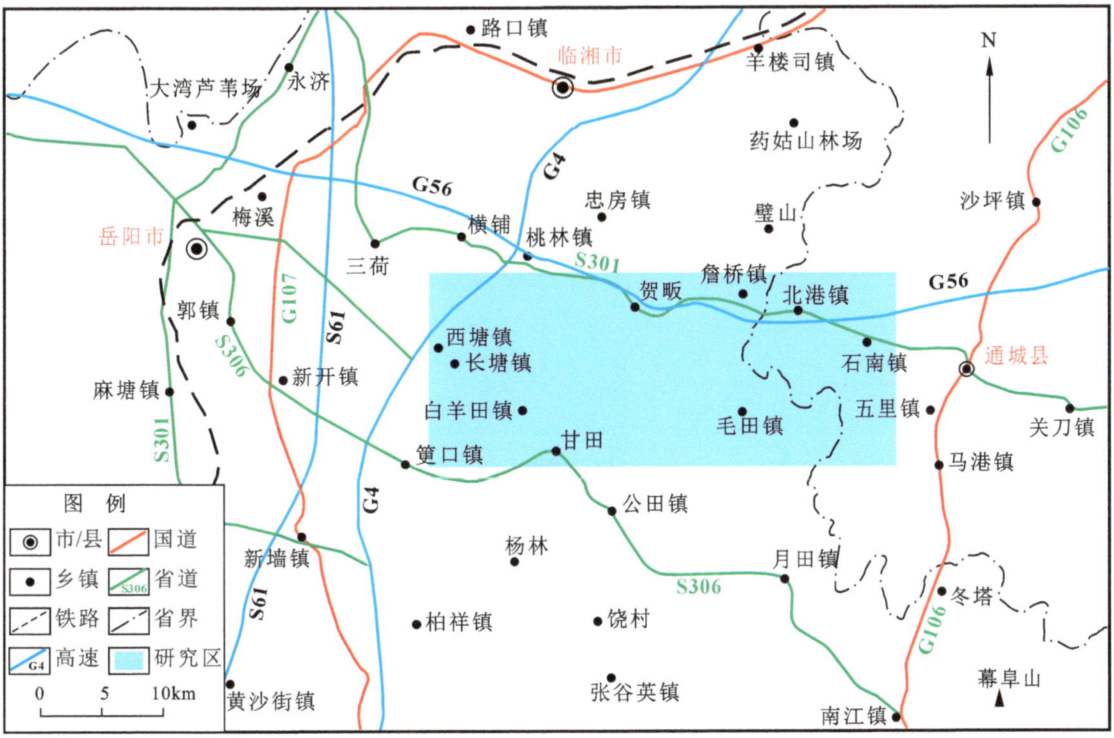

图1-1 研究区交通位置简图

点研究区。研究区陆路交通十分发达，京广铁路、武广铁路、京珠高速（G4）、杭瑞高速（G56）、临岳高速（S61）、国道（G106、G107）、省道（S201、S301、S306）等从研究区内及周边穿过，形成了纵横交错的公路交通网。

二、自然地理概况

研究区地势东高西低，东部属幕阜山隆起，主要为山地，最高峰为研究区外的幕阜山主峰，海拔达1528m。研究区地处中亚热带，位于东亚季风区，属亚热带季风湿润气候，具有气候温和、四季分明、降水集中、光热资源丰富等特点。区内年平均日照时间较充裕，无霜期长，作物生长期长，年平均气温在17℃左右。区内降水具有年平均降水量东部山区多、西部平原少及降水时间集中、降水年际变化大的特点。

研究区内水系发育，受地势影响较大。东部山区，溪流纵横交错，多倾泻激流；西部平原区，河道迂回，湖塘广布。研究区周边，湘江、资江、汨罗江自南面汇入洞庭湖，新墙河自东向西汇入东洞庭湖，陆水向西注入长江。汛期中，洞庭湖区受长江洪水顶托和湘、资、沅、澧四水洪水的压力，常常发生洪涝灾害。

研究区西部及相邻的洞庭湖平原（包括湖域水面）是我国重要的粮、油、棉、鱼生产基地，且具有丰富的湿地生态资源。1984年，湖南省人民政府批准建立了东洞庭湖国家级白鹤、白头鹤、白鹳等及湿地生态系统自然保护区，总面积1900km^2，现已被联合国环境规划署、联合国人类居住中心指定为世界湿地保护区，是中国七大国际重要湿地中的第二大湿地保护区。1998年，又建立了南洞庭湖县级珍稀水禽、涉禽及其栖息地自然保护区和目平湖县级白鹤等珍稀水禽及湿地生态系统自然保护区，面积分别达1300km^{2}和500km^2。

研究区及邻区旅游资源丰富，风采各异，既有八百里洞庭湖、大云山国家森林公园、相思山公园、铁山水库等湖光山色，也有享誉华夏三大名楼之一的岳阳楼等历史古迹，还有通城县“赛锣赛亮”和临湘市“天狮舞”等地域特色文化。

研究区内矿产资源较丰富。金属矿产主要分布在幕阜山花岗岩基的周缘，有铅、锌、铜、铍、铌、钽、钒、锰、铁、钼等；非金属矿产有花岗岩、砂岩、硅质岩、重晶石、石煤、耐火黏土、萤石、石英、云母、独居石、长石等。

第二节　研究程度

华南板块由扬子陆块与华夏陆块沿江南造山带拼合而成，幕阜山地区构造上位于江南造山带中段，东与江西九岭构造带相连，西与雪峰山构造带相连（贾宝华等，2005），其独特的构造部位与前寒武纪基底物质组成从20世纪起就受到了地学界的广泛关注（如，王鸿祯，1986；Hsü et al.，1990；陈旭等，1995；郭令智等，1996；张国伟等，2013）。经过地勘单位、科研院所、高校等相关单位几代地质工作者的地质调查、勘探和研究，幕阜山地区积累了丰富的基础地质资料，发现了大量的矿产资源地，并取得了重要的地调科研成果。

一、基础地质研究

1. 前寒武纪褶皱基底

研究区所在的江南造山带中段前寒武系以晋宁运动与雪峰运动形成的两期不整合面为界，可分为下部、中部、上部3套地层系统（湖南省地质调查院，2017）。下部地层以冷家溪群、双桥山群为代表，代表了江南造山带的褶皱基底；中部为板溪群；上部为南华纪—震旦纪沉积。中部和上部均属沉积盖层。江南造山带褶皱基底记录了华南大地构造演化的重要信息，前人对其形成时代及构造背景进行了研究。高林志等（2011）与孙海清等（2012）获得冷家溪群凝灰岩及斑脱岩年龄为862Ma、845Ma与822Ma；相似的双桥山群变安山岩、变流纹岩与斑脱岩的年龄分别为822Ma、821Ma与831Ma（高林志等，2008；周效华等，2012）；何垚砚等（2017）研究了大药姑组碎屑锆石年龄特征，将冷家溪群的顶界限定在820Ma左右。杨雪等（2019）和Zhang et al.（2013）分别讨论了冷家溪群碎屑岩与火山岩夹层的岩石学、地球化学及年代学特征，Wang et al.（2013）和Li et al.（2016）对双桥山群也做了类似的研究，均表明岩层形成于弧后盆地构造环境。笔者对岳阳—通山地区冷家溪群杂砂岩岩石学、沉积与地球化学特征的研究也得到相同的结论（田洋等，2020），且碎屑锆石年龄分布特征具有与江南造山带褶皱基底相似的年龄谱，即具有扬子陆块古老地壳物源显示，而缺乏亲华夏属性的约1.0Ga年龄显示，指示该时期的沉积盆地接受北西向扬子与南东岛弧的双向物源供给，与弧后盆地这一认识相符。

2. 岩浆岩

对于幕阜山地区新元古代花岗岩的研究集中于年代学、岩石成因和构造背景，目前获得的新元古代花岗岩同位素年龄集中于833～816Ma（马铁球等，2009；湖南省地质调查院，2017）。但对新元古代花岗岩体的成因存在争议，主要有3种观点：①新元古代花岗岩是地幔柱活动伴随伸展作用导致地壳重熔的产物（李献华等，2008；Li et al.，2008）；②新元古代岩浆活动是由于洋壳俯冲消减于扬子陆块下引起的岛弧岩浆活动（Zhou et al.，2002；Zhou et al.，2004）；③新元古代花岗岩是俯冲碰撞事件之后裂谷背景的产物，其形成与弧-陆碰撞造山带的垮塌有关（Zheng et al.，2007）。

幕阜山地区中生代侵入岩出露比较广泛。2000年以来，许多相关单位和学者对它进行了研究，涵盖侵入岩（包括基性岩、基性脉岩）的形成时代、岩石成因、构造环境及与成矿的关系等，总体认为幕阜山花岗岩形成于155～130Ma，形成于太平洋板块低角度俯冲后撤产生的拉张环境（Wang et al.，2014；Ji et al.，2017；许德如等，2017）。

3. 大地构造演化

尽管大多数学者认同研究区所属的江南造山带经历了中—新元古代的造山事件，但对其最终形成时间仍存一定的争议，其争议核心在于扬子-华夏陆块的拼合时间。部分学者认为，在新元古代（约890Ma或者830～820Ma），扬子陆块与华夏陆块已经碰撞拼合（如，陈旭等，1995；王剑等，2013；周金城等，2008；王孝磊等，2017；Cawood et al.，2018；Shu et al.，2019）；之后发生了超大陆裂解事件（即 Rodinia 超大陆裂解），且裂解始于 825～820Ma，其动力学机制是超级地幔柱（Li et al.，2008，2009）或板块俯冲拆沉作用（Zhou et al.，2002；王孝磊等，2017）。还有部分学者认为晋宁运动（约 820Ma）之后此区为一残留洋盆，且该洋盆一直延续到加里东期（水涛，1987；于津海等，2006；赵小明等，2015；彭松柏等，2016；张克信等，2018）。目前，尽管越来越多的地质证据支持扬子与华夏陆块的拼合时限为新元古代，但在构造演化模式上仍然存在不少问题尚待解决，如俯冲极性：南东向（Cawood et al.，2013）、北西向（水涛，1987；王孝磊等，2017；Shu et al.，2019），亦或是双向俯冲（刘宝珺等，1993；Zhao，2015；Xia et al.，2018）。

二、矿产地质

幕阜山地区是湖南省著名的金属矿产地之一。早在 20 世纪 40 年代以前，日本人曾到平江金矿、岳阳青岗驿锰矿和临湘桃林铅锌矿开展过调查工作。1940—1949 年，我国地质工作者刘国昌、王晓青、周圣生、朱庭祜、黎盛斯、袁在枢等，先后也对上述矿床（点）进行了调查，著有矿区地质调查报告，并编制了矿区大比例尺地质图和较大范围的中比例尺地质图。中华人民共和国成立后，地质部、冶金部、武警黄金部队和地方地质队对幕阜山地区及周边众多的矿床（点）开展了不同程度（普查、详查、勘探）的矿产勘查工作。1958 年，湖南省地质局湘东地质队编著《幕阜山区花岗伟晶岩脉的分布规律及其稀有元素矿物分布富集规律的初步研究》，对区内地质构造与稀有金属矿产成因的研究指出，与稀有金属成矿有关的花岗伟晶岩，在成因上与斑状黑云花岗岩有关。

多年来，大批单位、个人对包括幕阜山地区在内的钦杭成矿带进行了研究和探讨。水涛（2007）在进一步研究绍兴-江山缝合带地质构造及其演化的基础上，探讨了缝合带及其两侧古陆边缘的成矿带及勘查区划，为该区找矿方向的确定提供了依据。杨明桂等（1994，1997）对该带进行了系统的研究，进一步明确了“钦州湾至杭州湾为扬子古板块与华夏古板块的结合带”的认识，并且指出该结合带也是一条非常重要的岩浆成矿带。付建明等（2009）总结了钦杭成矿带（南西段）特征及成矿规律；胡国成等（2010）对钦杭成矿带金属矿产分布特征进行了概述；毛景文等（2011）研究了钦杭成矿带矿床的时空分布规律，将区内矿床归纳为 2 个成矿系列和 3 个成矿亚系列。周永章等（2012）根据内部结构的不均一性，建议将钦杭结合带划分为北、中、南 3 段，各段不仅在沉积历史、构造特征和岩浆活动等方面存在差异，而且在优势矿种的区域分布上也有很好的体现。2010—2015 年，武汉地质调查中心承担了“钦杭成矿带地质矿产调查”综合研究项目，对研究区内地质背景进行了总结，分析了区域成矿规律，提出了找矿方向，建立了部分成矿模式和找矿模式。

研究区所在的江南造山带，不但地质构造复杂，而且蕴藏着丰富的矿产资源。郭文魁等（1982）根据中国的主要成矿地质事件，以构造-岩浆为主线将它划归为中国东部滨太平洋构造域多金属成矿带的一个重要组成部分；翟裕生等（1999）将中国境内的成矿区域划为 6 个成矿域，湖南地跨扬子成矿域和华南成矿域，研究区属江南地块金锑钨铅锌锡成矿带。前寒武纪基底构造不仅是决定区域地质构造格局的重要因素和成矿空间场所，而且也是导致各类物质迁移和富集以形成大型、超大型矿床的基本条件（徐嘉炜，1995；涂光炽，1997；毛景文等，2002；华仁民等，2003）。花岗岩地球化学（尤其是 Sm - Nd 同位素）资料表明，湖南地区诸多岩浆源于元古宙基底的熔融（刘义茂等，1995；涂光炽，1997；彭建堂等，2002）。近些年来，陈柏林（2001）、毛景文等（2002）、马东升等（2002，2003）、顾雪祥等（2003）及肖红全等（2003）在研究各类矿床的成因、成矿背景等的同时，还对各类矿床在成矿系列、成矿区（带）等成矿规律方面进行了系统总结，并利用 Ar - Ar 法、Sm - Nd 等时线法来确定成岩成矿年龄。

三、编撰分工与致谢

本书的编写分工如下：第一章，田洋、柯贤忠、金巍、龙文国；第二章，田洋、柯贤忠、金巍、王晶、龙文国；第三章，金巍、田洋、徐扬；第四章，李乐广、王连训、王晶、田洋；全书由田洋、王晶统稿。

本书的撰写基于“湖南 1∶5 万郭镇市（H49E017021）、白羊田镇（H49E017022）、北港镇（H49E017023）幅区域地质调查”项目成果报告。在此向参加该项目的同志——黄兴、文汇华、刘士军、张胜、谢焱石、马艾阳、黄磊、温元龙、刘毅、王顺友、孙思远、叶炜、徐雪强，栾松涛、王丽君、邓黎旭等一一表示感谢！项目自始至终得到了武汉地质调查中心科技处、人事教育处、财务资产管理处、装备处，中南矿产资源监督检测中心及中国地质调查局中南地区地质调查项目办公室等的关心与支持。感谢湖北省自然资源科研项目“鄂东南通城地区花岗伟晶岩及稀有金属成矿作用研究（编号：ZRZY2020KJ04）”的支持与帮助。武汉地质调查中心副总工程师牛志军研究员、基础地质室主任徐德明研究员、中国地质大学（武汉）马昌前教授百忙中亲临野外一线指导；中国地质大学（武汉）曾广策教授、长安大学汤艳副教授协助完成岩石薄片鉴定；湖南省自然资源厅周厚祥主任，湖南省地质调查院刘耀荣副院长、陈俊主任，湖北省地质调查院何仁亮主任，湖北省地质局第四地质大队张文胜副总工程师，江西省地质矿产勘查开发局赣西北大队罗小洪总工程师给予热情关心和悉心指导，在此一并表示衷心的感谢！本书尚有诸多不足之处，敬请读者批评指正。

第二章　区域地质背景

第一节　地　层

幕阜山地区地层主要出露于幕阜山复式岩体周缘，地层分区主体属江南地层分区，具体出露青白口系、南华系、震旦系、寒武系、奥陶系、志留系、白垩系—古近系与第四系（图 2-1）。幕阜山西北缘为本书的重点研究区，缺失奥陶系与志留系（图 2-2），本书区域地层介绍也着重围绕幕阜山西北缘展开。

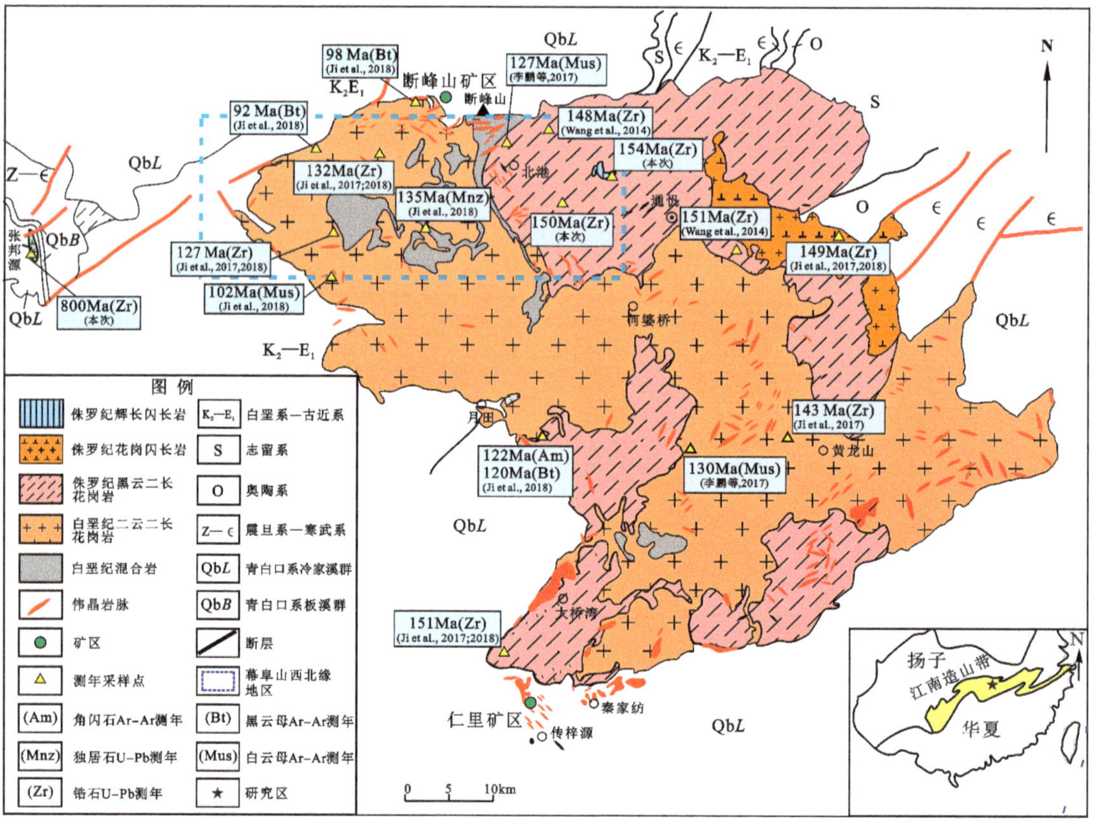

图 2-1　幕阜山复式岩体及周缘地质简图

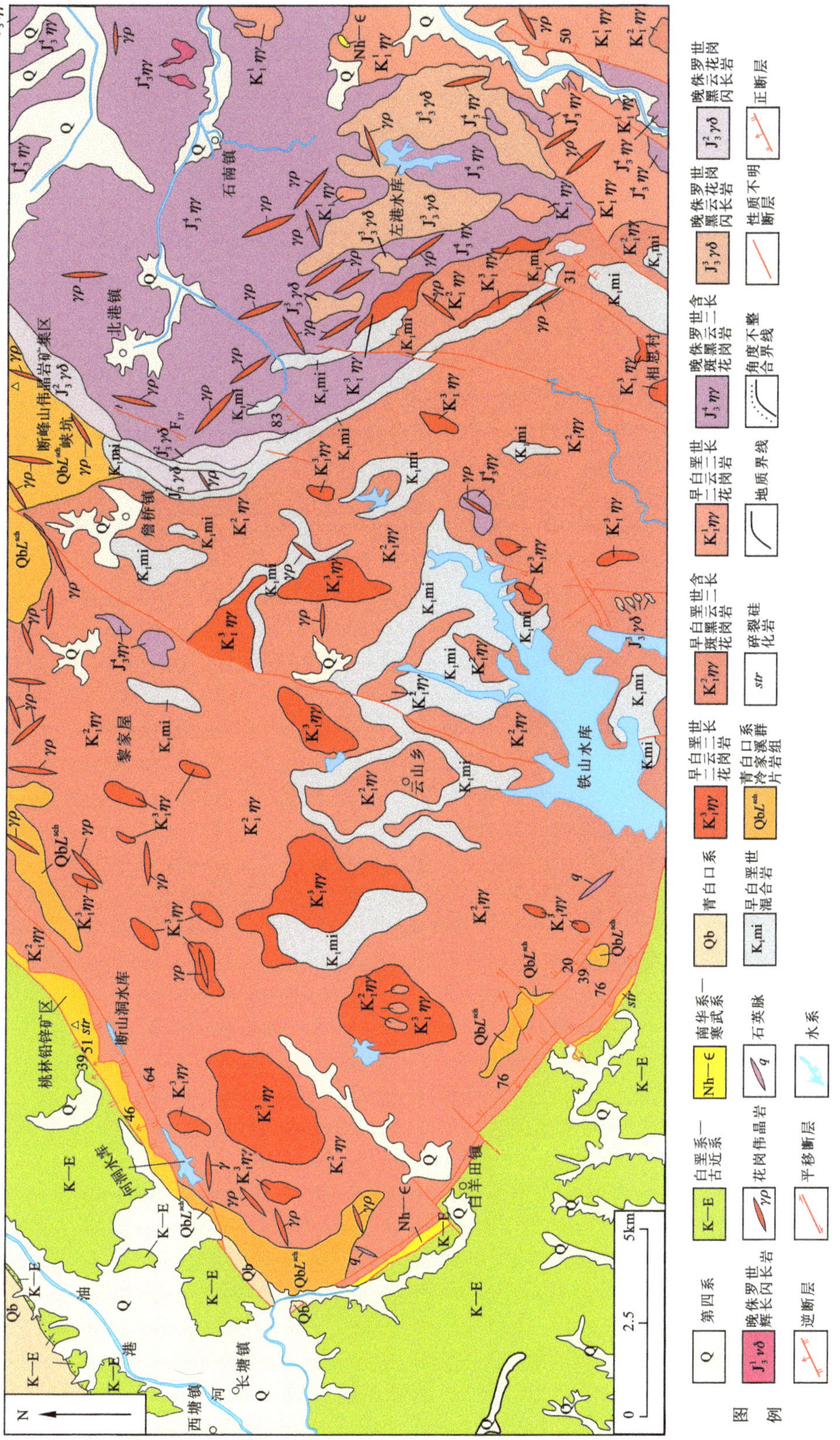

图 2-2　幕阜山西北缘地质简图

一、岩石地层

(一)青白口系

1. 冷家溪群

冷家溪群指伏于晋宁运动不整合面之下的一套灰色、灰绿色绢云板岩、条带状板岩、粉砂质板岩与岩屑杂砂岩组成具复理石韵律特征的低级变质岩系,局部夹有变基性—酸性火山岩系,发育一系列同斜-紧闭褶皱。从下至上包括易家桥组、潘家冲组、雷神庙组、黄浒洞组、小木坪组和大药姑组。

易家桥组:主体为一套由绢云板岩、凝灰质板岩、粉砂质板岩、千枚岩组成的细碎屑岩,夹含硅质板岩、岩屑杂砂岩、石英杂砂岩。板岩发育水平纹层,砂岩发育鲍马序列 BDE、DE 组合。

潘家冲组:顶、底部夹一套灰色、青灰色薄—中层状浅变质不等粒岩屑杂砂岩、石英杂砂岩,主体为灰黄色、灰绿色、紫红色绢云板岩、凝灰质板岩、粉砂质板岩夹千枚状粉砂质板岩、砂质板岩等,从下至上具粗—细—粗的沉积序列,普遍发育水平细纹层或条带状构造,顶底砂岩发育鲍马序列 AB、ABD 等组合。

雷神庙组:下部为灰色、青灰色中—厚层状板岩、绢云板岩夹粉砂质板岩、条带板岩;中部为灰色、深灰色中—厚层状变质粉砂岩、细粒石英杂砂岩夹板岩、粉砂质板岩;上部以深灰色—灰紫色薄中层状、纹层状绢云板岩为主,间夹条带状粉砂质板岩与变质粉砂岩。

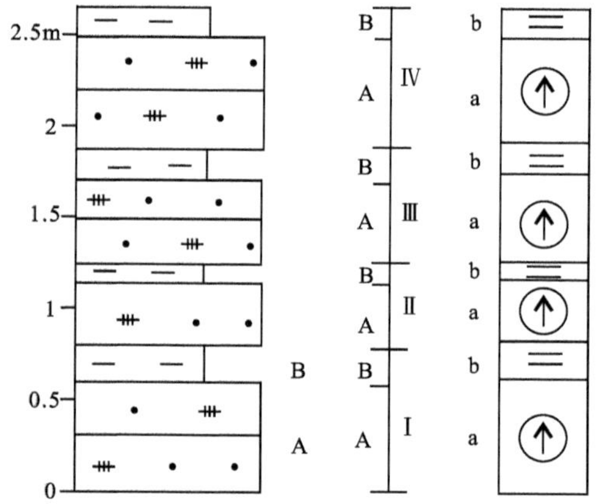

图 2-3 黄浒洞组基本层序(岳阳)

A.具正粒序层理变质杂砂岩;B.具变余水平层理板岩;a.正粒序层理;b.变余水平层理;Ⅰ~Ⅳ.基本层序

黄浒洞组:主体为黄绿色、灰绿色厚中层状浅变质(中)细粒岩屑长石杂砂岩、细粒长石岩屑杂砂岩夹灰绿色、黄绿色(粉)砂质板岩、绢云板岩及千枚岩,或由两者不等厚互层组成基本层序(图 2-3),偶夹凝灰质板岩,向上砂岩比例降低,板岩增高。砂岩发育槽模构造[图 2-4(a)]、沟模构造[图 2-4(b)、图 2-4(c)]、波痕构造[图 2-4(d)]、粒序层理、平行层理及鲍马序列的 ABD、ACD、AD、AB、AE、BE、BDE 组合[图 2-4(c)]。通过槽模、波痕构造恢复的古水流方向集中在 84°~131°之间。属浊积扇扇根—扇中沉积。产微古植物化石 *Dictyosphaera* sp., *Iignum punctulosum*, *Leiopsophosphaera* sp., *L. effusus*, *L.* aff. *effusus*, *Taeniatum crassum*, *Trematophaeridium* sp., *T. minutum*, *T. holtedahlii*, *Polyporata* sp., *P. obsoleta*, *P. microporasa*, *Protoleleiosphaeridium* sp., *Trachysphaeridium simplex*, *Asperatopsophos-*

phaera umishanensis, *A*. sp., *Laminarites* sp., *L*. cf. *antiquissimus*, *L*. *antiquissimus*, *Leiofusa* sp., *L*. *bicornuta*, *Archaeofavosina* sp.与 *Lignum* sp.等 24 个属种(唐晓珊, 1989)。

图 2-4　冷家溪群野外特征

(a)黄浒洞组槽模构造(指示地层倒转,恢复后古水流方向 125°;岳阳);(b)黄浒洞组沟模构造(指示地层倒转;岳阳);(c)黄浒洞组鲍马序列 AB、AE 组合,沟模构造(指示地层倒转;岳阳);(d)黄浒洞组波痕构造(指示地层正常,恢复后古水流方向 84°;岳阳);(e)大药姑组砾石(通城药姑山);(f)大药姑组粒序层理(通城药姑山)

小木坪组:以板岩占绝对优势与黄浒洞组相区别。岩性为灰绿色绢云板岩、粉砂质板岩、变质粉砂岩、绢云千枚岩夹灰绿色薄中层浅变质细粒岩屑长石杂砂岩、长石岩屑杂砂岩。

由下往上砂质减少，泥质成分增加。基本层序：中厚层浅变质岩屑石英杂砂岩(A)→薄中层状板岩(B)。砂岩粒序层理、平行层理发育，单层厚多为20～60cm。常见鲍马序列BDE、DE组合，属浊积扇之扇中—扇端沉积。产微古植物化石 *Trematosphaeridium* sp.，*T. simplex*，*Trematohaeridium holtedahlii*，*Leiopsophosphaera* sp.，*L.* aff. *effusus*，*L. densa*，*L. hyperboreica*，*Lignum* sp.，*Dictyosphaera* sp.，*D. sinica*，*Glottimorpha* sp.，*Protoleiosphaeridium solidum*，*Polyporata* sp.，*P. microporosa*，*Pterospermopsis* sp.，*Zonosphaeridium* sp.，*Lignum punctolosum*，*Leiofusa* sp. 等25个属种(唐晓珊，1989)。

大药姑组：下部为灰绿色块状变质复成分砾岩[图2-4(e)]、含砾不等粒长石岩屑砂岩、中—厚层状变质细砂岩及中—薄层状变质粉砂岩，粒序层理发育[图2-4(f)]，何垚砚等(2017)将砾石分为5种类型，提出为碎屑流成因；中部为黄绿色—灰绿色粉砂质绢云板岩夹灰绿色中层状变质含泥质条带细砂岩、变质含泥粉砂岩与含铁含粉砂绢云板岩互层；上部以灰绿色薄层状板岩为主，夹少量灰绿色中—厚层状变质中细粒长石岩屑砂岩，水平层理发育。

2. 板溪群

幕阜山西北缘之板溪群为本次工作首次发现，主要出露于岳阳刘家庄、新开镇黄元山一带，前人将它划入富禄组。底部为灰白色—浅紫红色厚层块状浅变质石英质砾岩[图2-5(a)]与小木坪组呈角度不整合接触，平行层理发育，属滨岸之后滨—前滨亚相。下部为一由粗变细的沉积序列，为灰绿色、浅紫红色厚层块状变质(含砾)中—细粒石英杂砂岩[图2-5(b)]、长石石英砂岩偶夹紫红色变质粉砂岩，砂岩平行层理，楔状交错层理、冲洗交错层理[图2-5(b)]、槽状交错层理发育[图2-5(c)]，粉砂岩水平层理发育，属滨岸之前滨亚相。上部以灰色、深灰色纹层状绢云板岩[图2-5(d)]、条带状变质粉砂岩、砂质条带板岩[图2-5(d)]为主，夹灰白色浅变质长石石英砂岩及碳质板岩，水平层理、透镜状层理[图2-5(e)]、平行层理发育，局部见楔状交错层理，属滨岸之近滨—远滨亚相，与上覆富禄组为平行不整合接触[图2-5(f)]。

本次工作在板溪群上部的纹层状板岩中获得了疑源类化石，建立了 *Trachyhystrichosphaera* - *Cymatiosphaeroides* - *Goniosphaeridium* 组合，包括 *Trachyhystrichosphaera vidalii*，*T.* sp.，*Cymatiosphaeroides* sp.，*Goniosphaeridium* sp.，*G. alinyums*，*G.* sp.，*Gorgonisphaeridium pindyium*，*G. torrensium*，*Leiosphaeridium* sp.，*Synsphaeridium* sp.，*Comaphaeridium* sp. 等重要分子(图2-6)。该组合可与澳大利亚Officer盆地Alinya组(811～716.5Ma)中的疑源类对比，指示了地层形成时代为新元古代晚期。

(二)南华系

富禄组：主体为灰白色，风化为呈土黄色厚层—块状变质粗中粒长石石英砂岩，属间冰期沉积。但在岳阳刘家庄、张辉山、小源冲一带，本组中部夹冰水沉积，下部为灰白色厚层状变质中粗粒长石石英砂岩，平行层理发育。中部为浅灰色块状变质含砾(冰碛砾)砂岩[图2-7(a)]、含砾(冰碛砾)泥质粉砂岩；上部为灰白色—浅紫红色厚层状变质细粒、中粒长石

图 2-5　板溪群野外特征(岳阳)

(a)板溪群底部石英质砾岩;(b)板溪群下部石英杂砂岩中的冲洗交错层理;(c)板溪群下部槽状交错层理;(d)板溪群上部,纹层状板岩;(e)板溪群上部,透镜状层理;(f)板溪群张家湾组(Qb*B*)与富禄组($Nh_{1-2}f$)不整合接触(金巍等,2018)

石英砂岩夹砂质砾岩及含砾粗砂岩,平行层理、板状交错层理[图 2-7(b)]、脉状层理发育。产微细藻类化石 *Laminarites antiguissimus*, *Leiopsophosphaera*, *Trachysphaeridium* 等6 属 4 种(湖南省地质调查院,2017)。

大塘坡组:灰色—深灰色—灰黑色薄层状碳质板岩[图 2-7(c)]、含粉砂质碳质板岩、纹

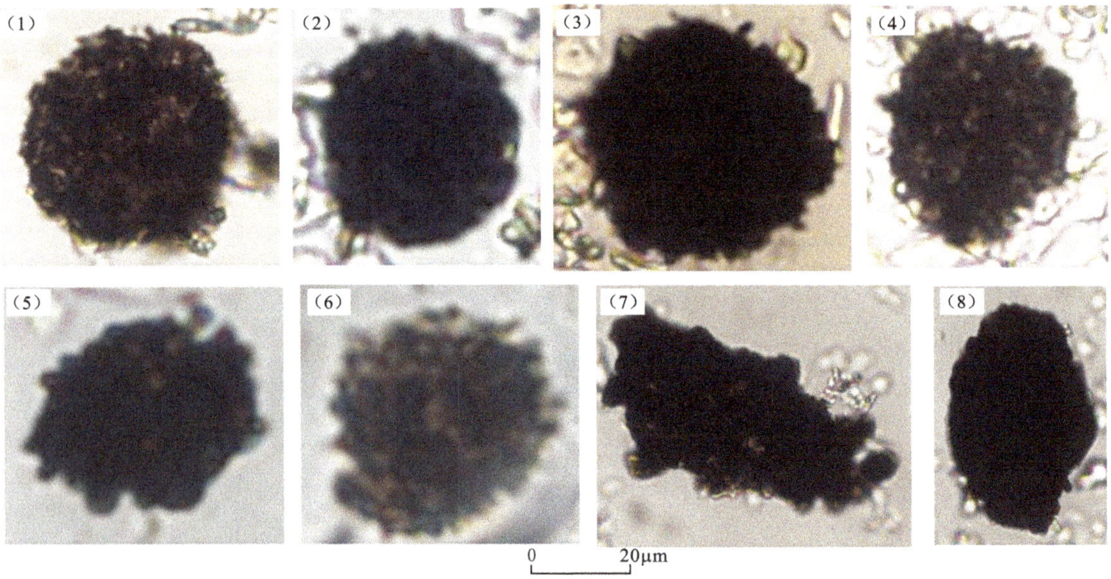

图 2-6　板溪群疑源类化石

(1)*Trachyhystrichosphaera vidalii*;(2)*Trachyhystrichosphaera* sp.;(3)、(4)*Cymatiosphaeroides* sp.;(5)、(6)*Goniosphaeridium* sp.;(7)*Gorgonisphaeridium torrensium*;(8)*Leiosphaeridium* sp.

层状凝灰质板岩,水平层理十分发育,是锰矿的产出层位,碳质含量局部可达 20%。与下伏富禄组整合接触,与上覆南沱组平行不整合接触[图 2-7(d)]。属平静、低能、远滨或局限海湾环境沉积。大塘坡组微古植物化石在南华纪达到空前繁盛,共有 35 个属种,主要有 *Trachysphaeridium*, *Laminarites* 等(湖南省地质调查院,2017)。

南沱组:以块状、含冰碛砾石为特征,为深灰色、灰绿色块状含砾(冰碛砾)砂质板岩,含冰碛砾板岩。砾石含量 3%～6%,由花岗岩[图 2-7(e)]、变质砂岩[图 2-7(f)]、脉石英、板岩及片岩组成,其中前三者占砾石总量的 80%以上,砾石大小混杂,多次圆状—次棱角状,无定向,少量砾石长轴与层面斜交,显示坠石特征,为有冰融水注入的紧靠海岸线边缘的陆棚冰碛砾带沉积。南沱组计有 *Trachysphaeridium* aff. *laininaritum*, *T. planum*, *Protoleiosphaeridium solidium*, *Leiominuscula minuta*, *Polyporata obsoleta*, *P. microporosa* 及 *Laminarites* sp. 等,与富禄组、大塘坡组所产化石基本特征相似(湖南省地质调查院,2017)。

(三)震旦系

金家洞组:底部以锰矿层与下伏南沱组分界[图 2-8(a)],为钢灰色似层状铁锰质角砾岩,岩石较破碎,铁锰质充填胶结,铁锰质结核部分形似疙瘩状、葡萄状[图 2-8(b)],大小 2cm×2cm 左右。下部为灰色薄层状泥质绢云硅质岩、硅质岩夹页片状碳质板岩;中部为灰色薄中层状、纹层状含硅绢云板岩,水平层理十分发育;上部为灰白色板岩、硅质板岩与灰白色薄中层状硅质岩、绢云硅质岩组成的韵律[图 2-8(c)]。顶部为青灰色薄中层状硅质岩,偶夹灰白色薄片状板岩,属于浅海陆棚相—盆地相。产微古植物化石 *Micrhystridium* sp., *Lophosphaeridium yichangense*, *L.* sp., *Trachysphaeridium* sp., *Leiopsophosphaera* sp.,

图 2-7　南华系野外特征

(a)富禄组含冰碛砾砂岩(岳阳刘家庄);(b)富禄组上部砂岩中的板状交错层理(岳阳刘家庄;金巍等,2018);(c)大塘坡组碳质板岩(岳阳刘家庄);(d)富禄组($Nh_{1-2}f$)、大塘坡组(Nh_2d)、南沱组(Nh_3n)接触界线(岳阳新开镇);(e)南沱组冰碛岩中的花岗岩砾石(岳阳小源村;金巍等,2018);(f)南沱组冰碛岩中的变质砂岩砾石(岳阳小源村)

Asperatoposophaera umishanensis, *A.* aff. *umishanensis* 等(湖南省地质调查院,2017)。

留茶坡组:深灰色、灰黑色厚层硅质岩、含绢云硅质岩,灰黑色、灰白色条带相间薄层硅质岩。硅质岩纹层构造十分发育,与下伏地层金家洞组、上覆牛蹄塘组均呈整合接触

[图 2 - 8(d)]。含微古植物化石 *Laminarites* sp., *Paleamorpha punotulata*, *Lignum* sp., *Asperatoposophaera umishanensis*, *Trachysphaeridium rude* 等,海绵骨针 *Protospongia* sp. 等(湖南省地质调查院,2017)。

图 2 - 8　震旦系野外特征(据金巍等,2018)

(a)、(b)金家洞组底部铁-锰矿层(岳阳小源村);(c)金家洞组上部硅质板岩与硅质岩组成的韵律(岳阳小源村);(d)金家洞组(Z_1j)与留茶坡组(Z_2l)的接触界线(岳阳新开镇)

(四)寒武系

寒武系为盆地相沉积,从下至上可分为牛蹄塘组、污泥塘组、探溪组。

牛蹄塘组:下部以黑色薄层硅质岩、硅质板岩为主,夹碳质板岩与石煤层[图 2 - 9(a)],石煤层中含磷结核[图 2 - 9(b)],水平层理十分发育;上部为深灰色、灰黑色薄—中层状含粉砂质碳质板岩,夹灰色、黄绿色中层状板岩,产 *Sinodiscus* sp., *Hupeidiscus* sp., *Ichangia* sp., *Hsuaspis* sp., *Lingulella* ? sp., *Homotreta* ? sp., *Redlichia* sp.。据生物地层资料,可建立 *Hupeidiscus* 带,*Ichangia* - *Neocobboldia* 组合带(湖南省地质调查院,2017)。

污泥塘组:以灰绿色、黄绿色、深灰色页岩、粉砂质页岩夹石英粉砂岩、泥粉晶灰岩、泥灰岩透镜体,产三叶虫 *Leiopogo laevigata armata*, *L. laevigata*、海绵骨针。

探溪组:深灰色—灰黑色薄层碳泥质条带灰岩、白云质灰岩、泥质条带灰岩,产三叶虫 *Lotagnostus asiaticus*、*Ptychangnostus atavus* 等(湖南省地质调查院,2017)。

图 2-9　寒武系牛蹄塘组野外特征(据金巍等,2018)

(a)下部石煤层(岳阳);(b)磷质结核(岳阳)

(五)奥陶系

奥陶系为斜坡相沉积,主体沉积为碳酸盐岩与泥岩建造,常见滑塌构造,从下至上可分为留咀桥组、宁国组、黄泥岗组。

留咀桥组:下部为泥质条带灰岩、白云质灰岩与页岩,不等厚互层,产三叶虫 *Asaphellus changi*, *Dactylocephalus dactyloides*, *Szechuanella szechuanensis*, *Euloma changshanense*, *Ceratopyge elongate*, *Asaphopsis* sp., *Niobella* sp. 和笔石 *Callograptus carvithecalis*, *Dictyonema* sp. 等;上部为页岩、千枚状页岩,偶夹灰岩扁豆体。

宁国组:深灰色—黄绿色页岩、粉砂质页岩,含笔石和三叶虫化石。

黄泥岗组:以浅灰色、黄灰色、灰色页岩为主,下部含透镜状含磷锰质白云质灰岩,产三叶虫 *Nankinolithus*, *Hammatocnemis* 和笔石 *Dicellograptus complanatus ornatus*, *Climacograptus latus* 等(湖南省地质调查院,2017)。

(六)志留系

志留系以前陆盆地性质的碎屑岩沉积为主,从下至上可分为龙马溪组、新滩组、坟头组、茅山组。

龙马溪组:以黑色页岩、硅质岩为主,生物化石丰富,主要有笔石、牙形石、腕足类、头足类、三叶虫等。

新滩组:为灰绿色砂质页岩、粉砂岩夹细砂岩。

坟头组:下部为灰绿色粉砂岩、细砂岩,中上部为中厚层状含生物碎屑粉砂岩夹角砾状磷块岩透镜体与石英细砂岩。含三叶虫 *Coronocephalus rex*, *C. gaoluoensis*, *Kailia quadrisulcata*, *Latiproetus latilimbafus*,腕足类 *Eospirifer tingi*, *Striispirifer shiqianensis*, *Salopiina minuta*,双壳类 *Modiolopsis crypta*, *Ctenodota nasuta*,鱼类和珊瑚等化石(湖南省地质调查院,2017)。

茅山组:以黄绿色、灰绿色夹紫红色中厚层状石英砂岩为主,夹粉砂岩、粉砂质页岩、含磷质砂岩透镜体。

(七)白垩系—古近系

该地层主体为冲积扇-辫状河红层沉积，以百花亭组为代表。岩石具有如下特征：

(1)紫红色不成层，松散，由砾石、砂泥质等组成。

(2)砾石成分由下至上，从以砂岩、板岩与脉石英为主，逐渐变为以花岗岩、伟晶岩及脉石英为主。

(3)砾石呈棱角状—浑圆状，多为长卵形，分选差，定向差，大小一般为4～5cm，最大可达80cm，局部见叠瓦状排列，砾石表面常具有薄层铁质薄膜和泥质薄膜。

百花亭组：下部为一套紫红色块状砾岩[图2-10(a)]，中部为紫红色砾岩、砂质砾岩夹紫红色条带状、透镜状(含砾)砂岩[图2-10(b)]，向上砂岩比例增加，逐渐过渡为紫红色砾岩(A)、砂质砾岩(B)、砾质砂岩(C)与含砾砂岩(D)组成的基本层序(图2-11)，常缺失B单元。冲刷-充填构造[图2-10(c)]、平行层理、槽状交错层理、板状交错层理发育，角度不整合于前白垩纪地层之上[图2-10(d)]。

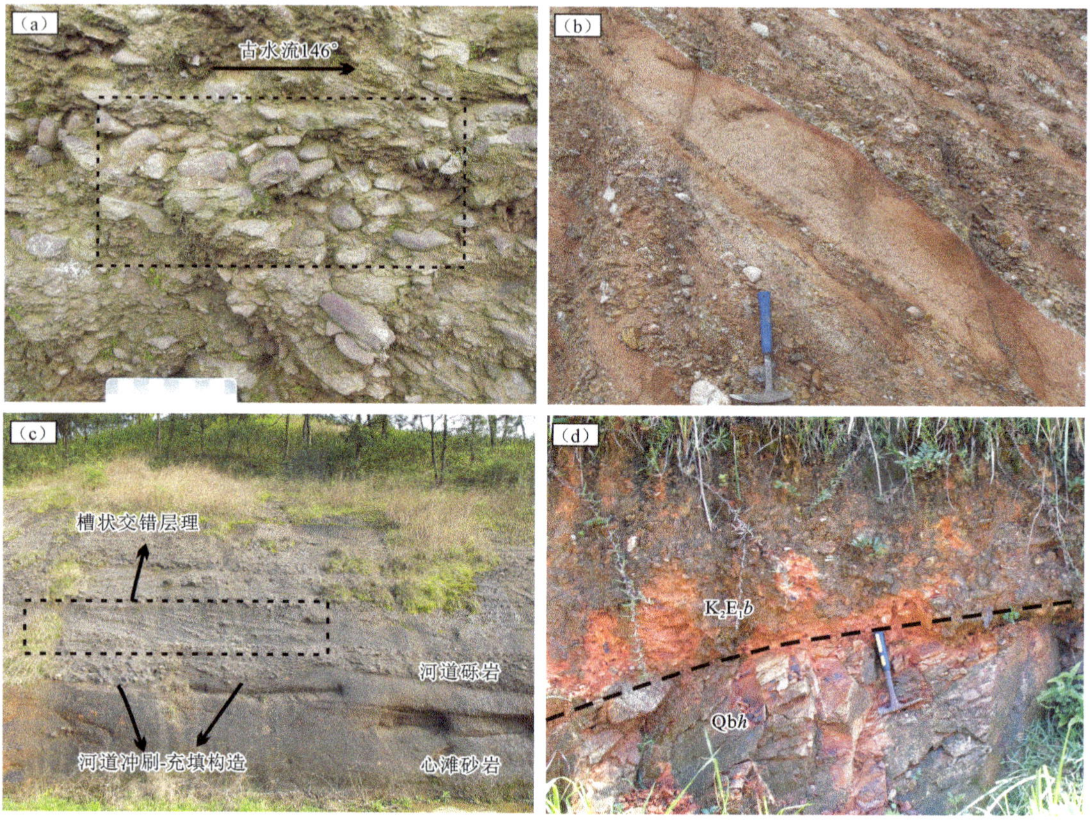

图2-10　白垩系—古近系百花亭组野外特征

(a)叠瓦状排列砾石群(指示古水流方向146°，岳阳凉亭)；(b)紫红色砾岩、砂质砾岩夹紫红色条带状、透镜状(含砾)砂岩(岳阳姜家冲)；(c)河道冲刷-充填构造，槽状交错层理(岳阳徐世亮；金巍等，2018)；(d)百花亭组(K_2E_1b)与黄浒洞组(Qbh)角度不整合接触(岳阳黎家里)

（八）第四系

第四系主要沿小河流两岸、山坡岗地分布。更新统洞井铺组为红色砾质黏土、砂砾层。新开铺组为黄红色砂质黏土和砾石互层，顶部为厚达8m的褐红色网纹红土及砾石层。白沙井组由黄色或橘红色砾石层[图2-12(a)]、黄色中或细砂互层组成，砾石中夹腐殖质层及锰质数层，顶部为网状或蠕虫状红土及砾石层，具铁锰结核。马王堆组下部为砂砾层，上部为黄色蠕虫状砂质黏土[图2-12(b)]、亚砂土。白水江组下部为砂砾、砾石层，上部为含锰砂质黏土、亚黏土堆积，亚黏土中含锰结核较多，具弱网纹化现象。全新世冲积物多具二元结构，下部为砾石层，上部为砂—黏土层。

二、地层含矿性与含矿沉积建造

幕阜山地区与沉积作用相关的矿产丰富，沉积地层对沉积矿产的富集成矿有着明显的控制作用。一方面，特定的沉积地层本身就构成矿床；另一方面，特定的建造有着不一样的物质组成和物理化学性质，不但提供矿物质元素的高含量背景和富集成矿空间，而且为矿物质的成矿地质事件提供矿源层或有利的地球化学成矿环境等，对矿物质的迁移和富集有重要作用。幕阜山地区主要的沉积矿产有金矿、铜矿、锰矿、钒矿、黄铁矿、磷矿、煤、高岭土矿、铝土矿等。成矿类型有沉积型、沉积改造型、沉积改造-矽卡岩型、层控内生型、复合内生型、风化残积型等。

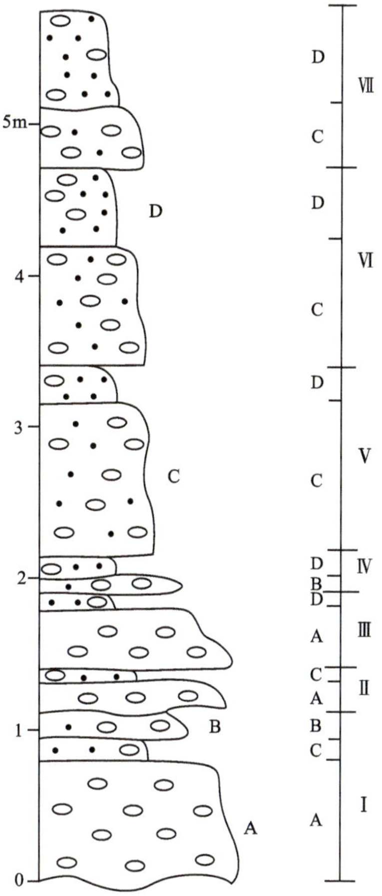

图2-11　百花亭组基本层序

A. 砾岩；B. 砂质砾岩；C. 砾质砂岩；D. 含砾砂岩；Ⅰ～Ⅶ. 基本层序

图2-12　第四系野外特征

(a)白沙井组砾石层(通城)；(b)马王堆组蠕虫状黏土(通城)

1. 含磷建造

幕阜山地区含磷建造产于寒武系牛蹄塘组碳泥质硅质岩与碳质板岩互层交替过渡带中，属含磷碳泥质、硅质黑色页岩建造，为条带状、结核状磷块岩。

2. 含铜建造

青白口纪含铜建造较为发育，沉积变质型含铜建造赋存于冷家溪群含铜凝灰质砂岩中；火山岩型含铜建造是指夹于冷家溪群具复理石韵律的砂岩、板岩、砂板岩中的呈层状、似层状产出的含铜拉斑质玄武岩、细碧玄武岩、细碧岩-辉绿岩-石英角斑岩组合。

3. 含金建造

金矿赋存于冷家溪群浅变质碎屑岩建造中，主要为板岩、千枚状板岩、砂质板岩、条带状板岩夹变质砂岩建造，其中灰绿色绢云板岩、条带状板岩及黑色板岩中金的高背景值为金矿富集提供了矿源。金属矿物主要为毒砂、黄铁矿；次为闪锌矿、方铅矿、黄铜矿、白钨矿、辉锑矿、菱铁矿；偶见铜矿物（主要是辉铜矿、斑铜矿、蓝辉铜矿）；贵金属矿物主要是自然金；副矿物有褐铁矿、孔雀石、臭葱石、高岭土等。

4. 含锰建造

含锰建造见于南华系大塘坡组、震旦系金家洞组，其中大塘坡组是最重要的含锰层位，锰矿层产于碳质板岩、粉砂质板岩及黏土岩沉积建造中，矿石类型属高磷、低品位碳酸锰矿石，为地壳相对稳定时期还原环境产物。震旦纪含锰建造产于金家洞组底部，为铁锰质角砾岩与硅质岩、硅质泥岩组合，锰矿呈层状，矿石为铁锰质角砾岩，铅灰色，风化后呈褐红色，如岳阳市新开镇小源村—青岗驿一带，含矿层厚约 2.8m。矿物成分为软锰矿、硬锰矿及锰土，锰品位一般 10％左右，富集地段可达 25％～30％，最高可达 40％。

5. 含钒建造

主要含钒层位为寒武系牛蹄塘组的“黑色岩系”。矿石自然类型有：①硅质-含钒粉砂质板岩型；②含钒碳质板岩型；③含钒碳质页岩型；④含钒碳质泥岩型等。普遍共伴生有重晶石、钼、镍、磷、铀、银、金、铜等矿种，有的局部富集成矿，可以综合回收利用。

6. 含煤建造

寒武纪含煤建造主要赋存于牛蹄塘组下部，为褐色碳质板岩，硅质碳质板岩。含矿层呈层状、似层状。石煤为黑色高碳质板岩，矿物成分主要为碳泥质及少量石英、黄铁矿、方解石、水云母等，主要伴生元素有硫、磷、钒，其中钒可以综合利用。

7. 其他含矿建造

在第四系中分布着不同类型风化矿床，如堆积型锰矿、岩溶堆积型铝土矿、花岗岩风化壳中赋存的离子吸附型稀土矿、砂钛矿、锆英石矿、宝石矿、独居石砂矿、砂金矿等。

第二节　岩浆岩

研究区岩浆活动强烈，岩浆岩遍布全区。岩浆岩形成时代为新元古代和晚中生代，其中晚中生代岩体是主体。

新元古代岩体为张邦源岩体。岩体位于研究区西部新开镇黄元山—石家庄一带，呈长椭圆形，长短轴比约 5∶1，长轴近北北西向，北端被北东东向右行平移断层错断，出露约 5.5km^2，侵入青白口系冷家溪群小木坪组中，接触界线附近围岩发生角岩化。岩性以细粒黑云花岗闪长岩为主，边部有细粒角闪黑云英云闪长岩出现，蚀变作用较普遍，主要有钠长石化、绢云母化、绿泥石化、白云母化等。岩体中见包体和捕虏体，包括中性暗色微粒闪长质包体、角闪岩包体，片岩捕虏体，多呈长条状或扁圆状产出。张邦源岩体锆石 U－Pb年龄为 800±3.9Ma，为华夏陆块与扬子陆块碰撞期后伸展形成的强过铝质 S 型花岗岩。

晚中生代岩体为幕阜山岩体，是晚侏罗世—早白垩世多次岩浆活动的复式岩基。幕阜山岩体呈菱形产出，出露面积约 2400km^2，是湘东北花岗岩的重要组成部分。岩体绝大部分侵入冷家溪群(图 2－1)。岩体东北侧与古生代地层接触，接触界线较弯曲。接触面一般倾向围岩，倾角 30°～85°。在岩体西南侧，见白垩系—古近系超覆于岩体之上，其砾岩中有大量花岗岩砾石，两者为沉积接触。岩体中常见围岩残留体，尤其在岩体西部北港—上塔一线以西极为发育。因受后期构造运动的影响，幕阜山岩体内挤压破碎带极为发育，走向以北东向为主。

晚侏罗世侵入体以黑云二长花岗岩为主，局部见辉长闪长岩与黑云花岗闪长岩。辉长闪长岩主要分布于通城县西上马徐家一带，出露面积较小，呈港湾状残存于含斑黑云二长花岗岩中。辉长闪长岩体与黑云二长花岗岩接触界线截然，前者被后者侵入并肢解。

黑云二长花岗岩出露范围较广，主要分布于北港—通城—麦市一线以北、虹桥及南江桥—冬塔一带，出露面积约 800km^2。岩性可细分为片麻状黑云二长花岗岩、含斑黑云二长花岗岩和少斑黑云二长花岗岩。片麻状黑云二长花岗岩主要分布于板江—南江桥与外侧围岩接触带；含斑黑云二长花岗岩是主体，出露面积约占 60%，主要分布于北港、麦市、虹桥、南江桥一带；少斑黑云二长花岗岩主要出露于北港附近。

黑云花岗闪长岩主要出露于通城县东部关刀桥一带。岩体大部分与黑云二长花岗岩接触，局部与二云二长花岗岩接触，在岩体东北部与古生代地层呈侵入接触关系。岩石呈浅灰色、灰白色，具中—细粒花岗结构，块状构造，以黑云花岗闪长岩为主。岩体中见暗色微粒包体。

早白垩世侵入体分布面积较为广泛，主要分布在岩基的西南部(图 2－1)，大云山—黄龙山一带。岩体大多直接侵入冷家溪群、震旦系之中，岩体西部围岩残留体和残影体广泛存在。早白垩世花岗岩以普遍含白云母为特征，岩性以二云二长花岗岩为主，白云二长花岗岩偶见。

花岗伟晶岩大量分布于幕阜山岩体北缘断峰山地区和南缘仁里地区，岩体内部也有出露，呈脉状、透镜体状分布于黑云二长花岗岩和二云二长花岗岩。

第三节　变质岩

受多期构造-岩浆活动影响，幕阜山地区岩石发生不同程度变形变质。根据区域构造环境、变形、岩浆活动及变质矿物组合特征，将区内变质作用演化划分为晋宁期、雪峰期、加里东期、印支期和燕山期。变质岩类型有区域变质岩、接触变质岩、气液变质岩和动力变质岩等，其中以区域变质岩分布最为广泛。具体来讲，区内青白口系—寒武系广泛遭受区域变质作用；侵入岩与不同类型围岩发生热接触变质作用及交代变质作用，形成各类接触热变质岩或接触交代变质岩；在岩体边部变质基底岩石常发育混合岩化作用，形成不同类型混合岩；多期次的构造活动使区内断裂构造发育，在断裂带附近发生动力变质作用，主要表现为碎裂岩化、糜棱岩化。

一、区域变质岩类

区内青白口系—寒武系均经历了不同程度的区域变质作用，岩石的原始成分和结构、构造发生了不同程度的改变。主要岩石类型包括片麻岩类、变粒岩类、斜长角闪岩类、片岩类、千枚岩—板岩类、浅变质岩类等。

1. 片麻岩类

该类岩石出露面积很小，主要产于岩体内部，多呈变质地层残留体或捕虏体产出，岩性为黑云斜长片麻岩[图 2－13(a)、图 2－13(b)]。

2. 变粒岩类

该类岩石出露面积很小，产于冷家溪群片岩组(QbL^{sch})或白垩纪混合岩(K_1mi)中，如通城北港地区，多呈不规则状岩块或透镜体产出，主要为黑云斜长变粒岩[图 2－13(c)、图 2－13(d)]。

3. 斜长角闪岩类

该类岩石在幕阜山西北缘毛田水库和云墩水库一带有一定规模出露，其他地方出露零星，主要呈夹层产于混合岩(K_1mi)中，有多个夹层出露，后被燕山期花岗岩侵入。岩性主要为斜长角闪岩[图 2－13(e)、图 2－13(f)]，根据岩石中特征矿物的差异，可分为辉石石英斜长角闪岩和石英斜长角闪岩两类。

图 2-13　区域变质岩野外照片和显微镜下(单偏光)照片

(a)、(b)黑云斜长片麻岩;(c)、(d):变粒岩;(e)、(f)斜长角闪岩;(g)、(h)片岩

4. 片岩类

该类岩石主要沿幕阜山北部断峰山、西部断山洞—三港谢家、南缘仁里一带分布，呈变质地层残留体产出。岩石类型主要为石榴二云石英片岩、(石榴)长石二云石英片岩、长石二云片岩、二云片岩、石榴矽线二云石英片岩、石榴长石黑云石英片岩等[图 2 - 13(g)、图 2 - 13(h)]。

5. 千枚岩—板岩类

该类岩石出露于幕阜山青白口系—寒武系中，主要包括砂质绢云千枚岩、绢云板岩、含硅质绢云千枚板岩、(粉)砂质板岩、含砾板岩、碳质板岩等。

6. 浅变质岩类

该类岩石出露于幕阜山西部青白口系—寒武系中，主要包括硅质岩、含砾石英砂岩、长石石英砂岩、岩屑长石砂岩、岩屑石英砂岩、岩屑砂岩、长石岩屑砂岩、杂砂岩等。

二、接触变质岩类

区内燕山期岩浆活动强烈，新元古代岩浆活动次之，接触变质作用明显。各岩体周围的围岩均受不同程度影响，接触变质带宽度受岩体规模、产状、就位方式等因素的控制，一般宽500～800m，较大岩基(如幕阜山岩体)一般宽 800～1500m，最宽达 3000m。变质后的岩石主要有角岩类、角岩化砂岩类、斑点状板岩类、复变质岩类等。

1. 角岩类

角岩类岩石主要有云母石英角岩、堇青石石英角岩、斑点状石英云母堇青石角岩、堇青石绿泥石石英角岩、含红柱石白云石英角岩、云母石英角岩等。

2. 角岩化砂岩类

角岩化砂岩类呈变余细粒砂状、变质显微粒状结构，斑点状、定向构造。原砂岩中的泥质杂基均已变晶成黑云母雏晶并定向排列。

3. 斑点状板岩类

斑点状板岩类包括堇青石斑点板岩和含粉砂绿泥石斑点板岩。前者呈斑状变晶结构与显微鳞片变晶结构，板状构造；后者呈显微鳞片斑点状结构，板状构造。

4. 复变质岩类

复变质岩类主要为含石榴子石黑云石英片岩，位于燕山期岩体顶部，调查发现，靠近岩体区域，此类岩石中石榴子石颗粒大且含量较高；远离岩体石榴子石逐渐变少，故片岩中的石榴子石可能为热接触变质作用而形成的。

三、动力变质岩类

研究区地处江南造山带，受多期构造、岩浆活动影响形成一系列褶皱—韧性变形带和脆性断裂带，并产生构造应力（挤压应力、拉张应力、剪切应力）及一定温压致使岩石在脆性状态下发生不同程度破碎、粉碎等一系列压碎脆性变形而形成碎裂岩类或经韧性变形作用、重结晶作用而形成糜棱岩类等。研究区动力变质岩的分类如表 2-1 所示。

表 2-1 研究区动力变质岩分类表

<table>
<tr><th>成因</th><th>岩类</th><th>岩石名称</th><th>伴生构造</th><th>时代</th><th>分布特征</th></tr>
<tr><td rowspan="8">脆性、韧性动力变质岩</td><td>砾岩</td><td>构造(断层)角砾岩</td><td rowspan="5">脆性断层</td><td rowspan="5">燕山期—喜马拉雅期</td><td rowspan="5">北东向、北西向、北东东向脆性断层中</td></tr>
<tr><td rowspan="4">粒化岩</td><td>碎裂岩</td></tr>
<tr><td>碎斑岩</td></tr>
<tr><td>碎粒岩</td></tr>
<tr><td>断层泥</td></tr>
<tr><td rowspan="2">糜棱岩类</td><td>糜棱岩化花岗岩</td><td rowspan="2">小型脆-韧性及韧性剪切带</td><td rowspan="2">燕山期</td><td rowspan="2">主要分布于冷家溪群线状强应变带及北东向走滑断层中的燕山期花岗岩中</td></tr>
<tr><td>花岗质(超)糜棱岩</td></tr>
<tr><td>构造片岩类</td><td>构造片岩</td><td>韧性滑脱</td><td>燕山期</td><td>东西向、北东东向韧性剪切带，冷家溪群片岩组</td></tr>
</table>

1. 碎裂岩系

该岩类主要沿脆性断裂分布，区内非常发育，主要岩石类型包括构造（断层）角砾岩［图 2-14(a)］、碎裂岩［图 2-14(b)］、碎斑岩［图 2-14(c)］、碎粒岩［图 2-14(d)］和断层泥［图 2-14(e)］。

2. 糜棱岩系

该岩类主要出露于具有一定规模的脆韧性断裂带中，如幕阜山西北缘桃林断裂带和白羊田断裂带，主要岩石类型为糜棱岩化花岗岩、花岗质（超）糜棱岩［图 2-14(f)、图 2-14(g)］。

3. 构造片岩类

产出环境与糜棱岩相似，在白羊田镇五星村白羊田断裂带冷家溪群片岩组中发现有少量出露，岩性为强构造片理化二云千枚片岩［图 2-14(h)］。

四、混合岩类

根据混合岩暗色体成分的差异，幕阜山地区的混合岩可分为两类：暗色体成分为黑云斜长片麻岩的混合岩和暗色体成分为片岩的混合岩。

1. 暗色体为黑云斜长片麻岩的混合岩

此类岩石大量出露于幕阜山西北缘杭瑞高速（G56）北港—詹桥段，呈变质地层残留体

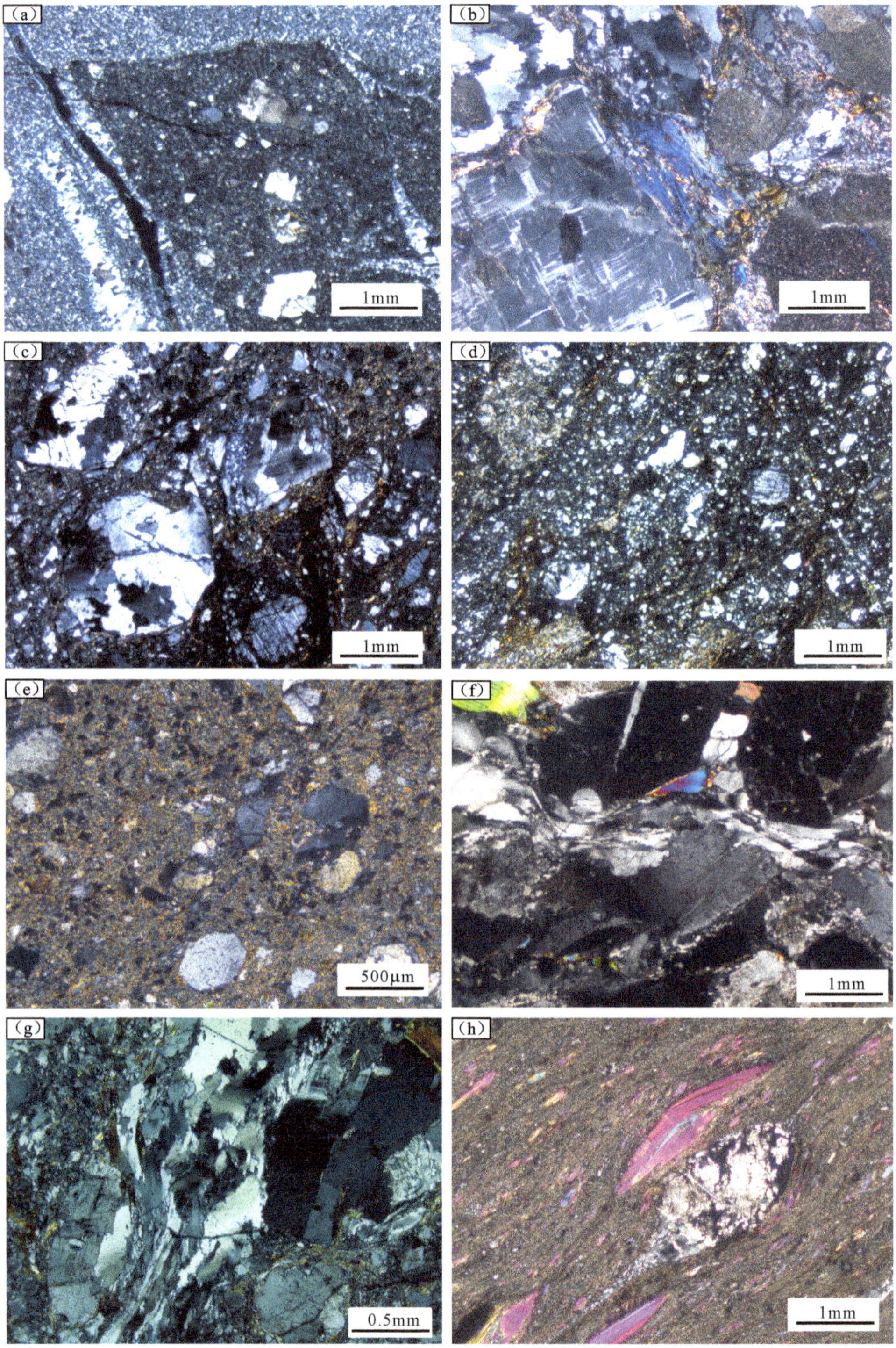

图 2-14　动力变质岩类显微镜下(正交光)典型照片

(a)构造角砾岩;(b)碎裂岩;(c)碎斑岩;(d)碎粒岩;(e)断层泥;(f)糜棱岩化花岗岩;(g)花岗质糜棱岩;(h)构造片岩

或捕虏体产于细中粒黑云二长花岗岩中[图 2-15(a)、图 2-15(b)]。

2. 暗色体为片岩的混合岩

此类岩石分布较为广泛，如铁山水库周缘，主要呈变质残留体或捕虏体产于细中粒黑云二长花岗岩中[图 2-15(c)、图 2-15(d)]。

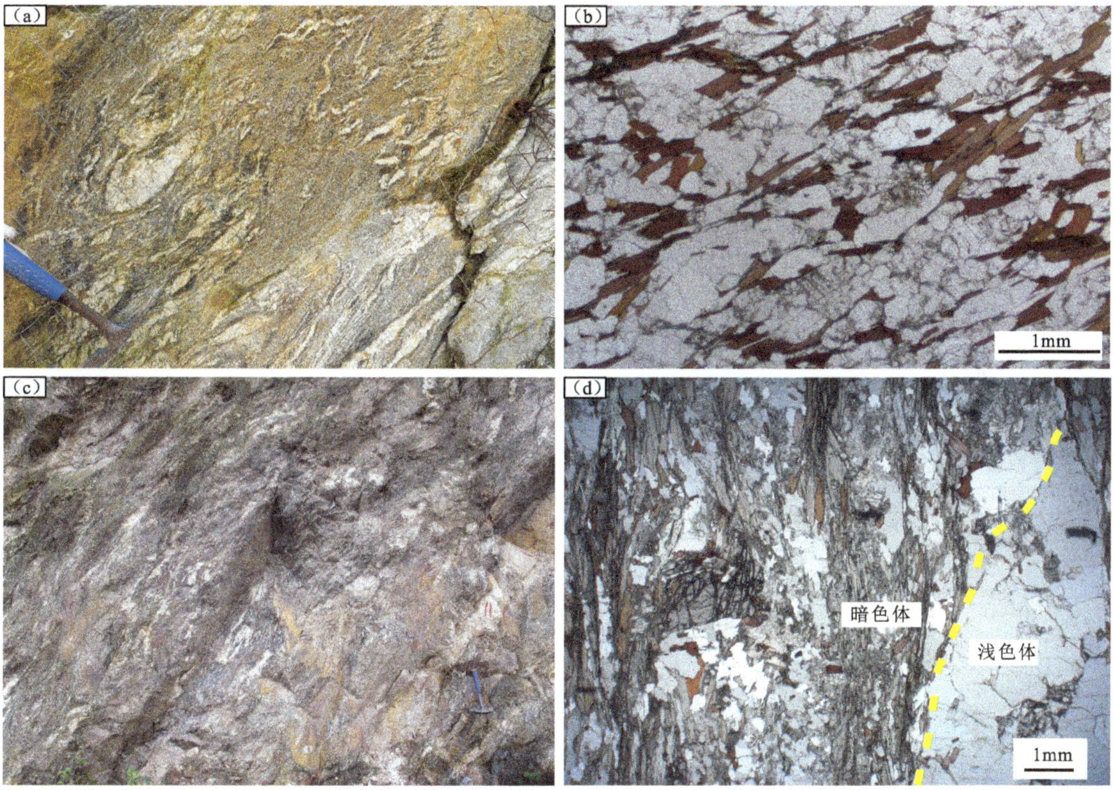

图 2-15　混合岩野外照片和显微镜下(单偏光)典型照片

(a)、(b)条带状混合岩，暗色体为黑云斜长片麻岩；(c)、(d)条带状混合岩，暗色体为片岩

五、其他变质岩类

幕阜山地区除了发育上述四大类变质作用的产物外，还可见气液交代变质作用和次生蚀变作用的产物，形成不同的气液变质岩和次生蚀变岩，其规模一般较小。如在桃林断裂带断山洞，伴随铅锌-萤石矿化发育的硅化、碳酸盐化、黄铁矿化比较常见，形成各类硅化岩、碳酸盐矿物、硫化物和硫酸盐矿物等；在白羊田断裂带，硅化作用也非常发育，形成硅化花岗岩。在伟晶岩发育的地段，靠近伟晶岩的围岩边部常形成电气石、石榴子石等气液变质矿物。此外，在各类岩石中，富含 Mg、Fe 的矿物(如角闪石、黑云母等)常在表生条件下发生次生蚀变，形成绿泥石等矿物。

第四节　构　造

幕阜山地区位于扬子陆块与华夏陆块结合带——江南造山带中段以北，经历了晋宁运动、雪峰运动、加里东运动、印支运动、燕山运动和喜马拉雅运动等构造活动。

一、区域构造特征

1. 断裂构造

区域主要发育北东东—东西向、北东向、北北东向、北西向断裂构造。断裂活动时代主要有青白口纪、南华纪—中三叠世、晚三叠世—中侏罗世、晚侏罗世末、白垩纪—古近纪早期及古近纪晚期 6 个时期，分别受控于不同的区域构造背景。相同走向的不同断裂常具不同的活动时代与性质。

青白口纪断裂形成于晋宁造山运动，与同期褶皱相伴发育于冷家溪群中。断裂走向与构造线基本一致，属走向断裂，多具逆断裂性质，发育断裂破碎带，具脆-韧性变形特征，往往发育硅化带和石英脉，并配合以同斜-紧闭褶皱。青白口纪断裂与区域上的冷家溪群分布基本一致，主要分布在岳阳、平江—浏阳，遭受后期改造极为普遍。

南华纪—中三叠世断裂是在印支期碰撞挤压造山背景下形成的。该期断裂在区内不甚发育，规模较小，主要分布在鄂东南咸宁一带，走向为南西-北东向。

晚三叠世—中侏罗世断裂受控于中生代陆内挤压造山运动。断裂多为东西—北东东向走向逆断裂，断裂大多南倾，反映自南向北逆冲的构造运动程式；少量为倾向北的反冲断裂。

晚侏罗世断裂主要分布于幕阜山花岗岩体中，可能形成于区域北北东向左旋走滑应力场中。断裂多为北北东走向，少量北东走向；具左行逆平移性质，沿断裂常发育硅化破碎带。

白垩纪—古近纪早期断裂形成于区域伸展构造背景，与断陷盆地的形成密切相关，主要为北东向盆缘和盆内正断裂，属同沉积或同成盆期断裂。

古近纪晚期断裂有北东向右行平移断裂、北西向左行平移断裂。该期断裂受控于北北东向右行走滑应力场。

2. 褶皱构造

区域褶皱构造按构造层可划分为基底褶皱（晋宁期）和盖层褶皱（雪峰期、加里东期、海西期—印支期、燕山期）。基底褶皱形态具有紧闭、同斜甚至平卧的共同特征，受后期构造运动影响，部分地段构造线方向发生改变；加里东期、印支期盖层褶皱以侏罗山式为主，受基底构造控制明显；燕山期盖层褶皱较微弱，一般呈宽缓褶曲或拱曲，受印支期后形成的拉张断陷盆地控制。

基底褶皱主要为晋宁期褶皱。新元古代的晋宁运动造成冷家溪群褶皱强烈、区域变质及劈理发育，且褶皱变形强度大，常为紧闭-同斜倒转褶皱。

盖层褶皱形成于印支运动和燕山运动，卷入地层主要为青白口系板溪群—中三叠统。受区域北西西向挤压，以及雪峰弧形构造块体的控制、北侧秦岭-大别-苏鲁北西西向构造带碰撞造山、北西向基底隐伏断裂的左行走滑等边界条件的制约，盖层褶皱走向在区域上呈现复杂变化：雪峰构造带以北总体呈北北东→北东→近东西向之弧形偏转；湘中—湘中南地区自北向南呈北东→北北西→北北东之弧形偏转；湘东总体呈北北东向。盖层褶皱主要分布于湘东北临湘—岳阳、煤炭坝—湘潭一带（湖南省地质调查院，2017）。

二、区域构造演化

晋宁期时，浏阳—新化—城步一线北西属扬子陆块东南缘活动陆缘盆地，沉积了冷家溪群深海—浅海（类）复理石夹火山岩沉积，并有具“弧特征”的花岗质岩浆侵位，如张邦源岩体和张坊岩体。该盆地南东为古华南洋，属华南洋于扬子陆块前缘的增生楔与盆地火山-碎屑沉积。浏阳文家市一带发育由变沉积岩、变玄武岩、变辉绿岩、变辉长岩、变辉石岩类及变硅质岩组成的蛇绿岩套残片（贾宝华等，2004，2005），代表了华南洋的洋壳和远洋沉积层。文家市北面附近的南桥发育具典型 N－MORB 特性的玄武岩，可能为沿古俯冲带分布的洋壳残片（周金城等，2003）。

晋宁期，浏阳—新化—城步一线北西的扬子陆块东南缘发生弧-陆碰撞（柏道远等，2010），盆地封闭，冷家溪群强烈褶皱并产生低级变质。该线南东的华南洋构造格局存在差异，北西向常德-安仁断裂以西的湘中南地区仍为海洋，断裂以东的湘东地区盆地封闭并产生微褶皱变形，造成板溪群与冷家溪群之间的低角度不整合—平行不整合。

雪峰期，先期扬子陆块/华南洋的板块格局不复存在，扬子陆块进入了相对统一并具复杂构造分异演化的阶段。雪峰运动造成区域构造抬升并发生剥蚀，形成了隆-坳构造格局，主构造线为东西向和北东向。

加里东期，大部分地区隆起接受剥蚀，仅局部发育奥陶系与志留系，造成泥盆系与前泥盆系呈平行不整合接触。

印支期，印支运动的影响十分明显，幕阜山地区转化为陆相沉积。扬子陆块盖层虽然没有变质作用发生，但构造变形较为强烈，边缘深断裂、韧性剪切带和逆冲推覆构造发育。

燕山期，由于特提斯构造域向滨太平洋构造域转换，受古太平洋平板俯冲及板片后撤影响（Li et al.，2007），形成一系列北东向深大断裂，并伴随区域性花岗岩侵入，如幕阜山岩体、望湘岩体、连云山岩体等。

第五节　矿　产

幕阜山地区主体属扬子成矿域，经历了多期次强烈构造岩浆活动，制约着金属矿床的形成。区域上，加里东期和印支期花岗岩总体以强过铝质花岗岩占主导，属壳源熔融成因；燕山期以弱过铝质钙碱性花岗岩占主导，可能与俯冲带机制相关的幔源贡献愈来愈多有关。岩浆作用过程决定了相关的成矿作用也表现为从源到汇的过程。晋宁期、雪峰期、加里东期为成矿物质的初始富集或形成阶段，少有成矿；印支期为成矿物质进一步富集阶段，成矿量相对晋宁期有所增加；燕山期成矿物质急剧富集，最终形成大量矿床，因此成矿机制与不同时期的构造体制及岩浆活动密切相关。成矿作用也明显受断裂控制，例如晋宁期矿床主要分布于扬子、华夏陆块结合带，主要受区内北北东向断裂控制。燕山期是成矿高峰期，矿床多分布于北东向断裂与北北东向断裂交会处，以铜、金、铅锌、银、铌钽、锡等矿产为主，以形成与小岩体有关的矿床为主，并且矿化特征显示出铜、金银、铅锌、钨锡的混杂或混染。

幕阜山地区及其以南的湘东北地区金属矿产资源较丰富，优势矿产主要为金等贵金属，铜、铅锌、钴、钨钼等有色金属，以及铌、钽等稀有金属。金矿主要有黄金洞金矿、大洞-万古金矿、雁林寺金矿等，分布较为集中，成因类型主要包括石英脉型、破碎带蚀变岩型、剪切带蚀变岩型等。有色金属矿床主要包括桃林铅锌矿、栗山铅锌矿、井冲钴铜多金属矿、七宝山铜多金属矿等，矿床多与岩浆岩活动相关，成因类型主要包括斑岩型、矽卡岩型、岩浆热液交代-充填型等。其中铅锌是幕阜山地区重要的优势矿种，主要有桃林铅锌矿，成因类型为热液脉型。另外，桃林铅锌矿还是湖南省 20 世纪 50 年代开始勘探并开发至今的大型萤石矿床，目前仍是湖南省的主要铅锌资源基地和萤石资源重要产地之一。

幕阜山地区铌钽等稀有金属矿产分布总体呈现出“北铌、钽，东铍，南锂、铍、铌、钽，中铌、钽、锂，西部尚未见明显矿化”的分布规律。北部以断峰山铌钽矿床为代表，稀有金属矿物主要为铌钽铁矿，次要为绿柱石；东部为铍矿点聚集区，分布有超过 15 处小型矿床及矿化点，稀有金属矿物主要为绿柱石，次要为铌钽铁矿、锂云母；南部以仁里-传梓源锂、铍、铌、钽矿床为代表，稀有金属矿物主要为锂辉石、锂云母、铌钽铁矿，次要为绿柱石；中部产出黄泥洞、三岔埚等 10 多个稀有金属矿(化)点，稀有金属矿物主要为铌钽铁矿、细晶石，次要矿物为透锂长石、锂云母、锂辉石、绿柱石等。整体上表现出，东部以单一的铍矿化为主，至中部 Li、Be、Nb、Ta 多种元素矿化，北部和南部产出大型稀有金属矿床，反映出稀有金属成矿有一定的分异性(李鹏等，2017；黄志飚等，2018；文春华等，2019)。

第三章 中生代岩浆岩

华南板块位于华北板块、太平洋板块和印支板块的交接地带，是由扬子陆块和华夏陆块于新元古代沿江南造山带碰撞拼合而成(Zheng et al.,2008; Zhao et al.,2012; Wang et al.,2015; Zhao,2015;王孝磊等,2017)。中生代，华南板块经历了从特提斯构造域向古太平洋构造域的转变(董树文等,2008;邢光福等,2008; 张岳桥等,2012),引发了强烈的岩浆活动，并伴随着大规模的多金属成矿作用(Liang et al.,2016; Zhang et al.,2017)。华南中生代岩浆活动包含印支期和燕山期两部分，其中，燕山期岩浆活动尤为频繁(Zhou et al.,2006; 刘凯,2016)。幕阜山岩体属于华南燕山期岩浆岩的一部分，出露面积约 2400km^2，是由多期活动的侵入体组成的复式岩体。2016—2018 年，笔者在幕阜山西北缘开展调查研究工作，将幕阜山岩体解体出 7 个岩石单元(表 3-1,图 2-2),下文分别对 7 个侵入单元进行详细介绍，并探讨其岩石成因及构造背景。

表 3-1 幕阜山西北缘岩浆岩解体一览表

时代	岩体	代号	岩性	年龄(Ma)	接触关系
早白垩世	幕阜山	$K_1^3\eta\gamma$	(中)细粒二云二长花岗岩	130±1.3	脉动接触关系
		$K_1^2\eta\gamma$	细中粒含斑二云二长花岗岩	135±1.4	
		$K_1^1\eta\gamma$	中细粒二云二长花岗岩	144±1.7	
晚侏罗世		$J_3^4\eta\gamma$	细中粒含斑黑云二长花岗岩	152±1.2	
		$J_3^3\gamma\delta$	细粒黑云花岗闪长岩	150±1.5	
		$J_3^2\gamma\delta$	细中粒黑云花岗闪长岩	153±1.4	未见良好接触关系
		$J_3^1\nu\delta$	辉长闪长岩	154±1.1	

第一节　晚侏罗世辉长闪长岩

一、地质特征和岩石学特征

辉长闪长岩($J_3^1\nu\delta$)出露于通城石南镇全礼村一带，出露面积不大，约 0.45km^2，可见辉长闪长岩被后期花岗岩肢解(图 3－1)或者被花岗岩侵入(图 3－2、图 3－3)，局部花岗岩中见直径约 45cm 的近圆形辉长闪长岩包体[图 3－3(c)]，花岗岩与辉长闪长岩接触带靠辉长闪长岩一侧发育黑云母富集边[图 3－3(b)]。$J_3^1\nu\delta$ 含有大量角闪石，未见辉石，地球化学特征显示偏中基性，为闪长岩和辉长岩的过渡类型，本次将它定为辉长闪长岩[图 3－3(e)、图 3－3(f)]。

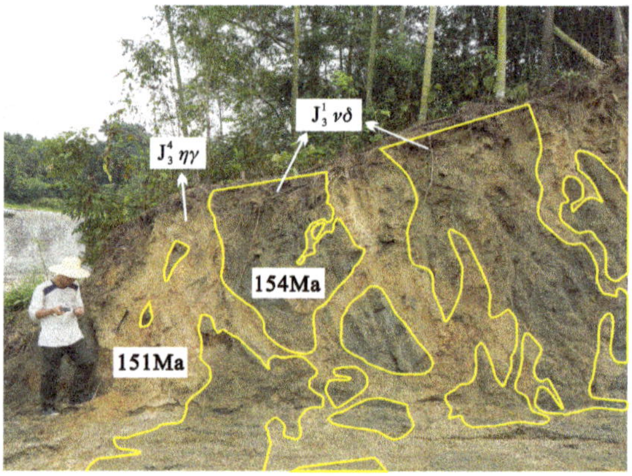

图 3－1　细中粒含斑黑云二长花岗岩($J_3^4\eta\gamma$)侵入细粒辉长闪长岩($J_3^1\nu\delta$)野外图(通城全礼村)

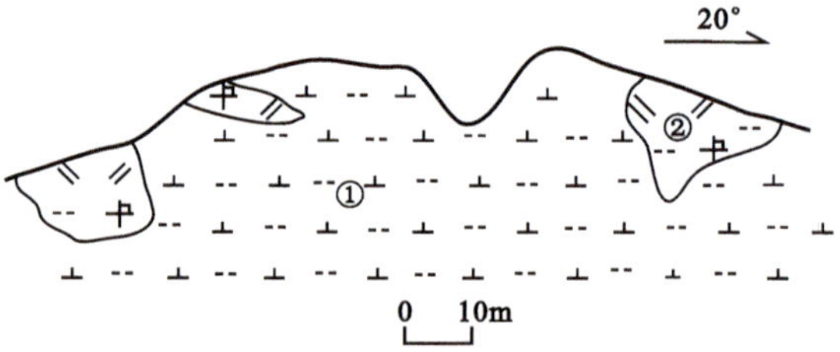

图 3－2　细中粒黑云二长花岗岩($J_3^4\eta\gamma$)与细粒辉长闪长岩($J_3^1\nu\delta$)侵入关系素描图(通城全礼村)
①细粒辉长闪长岩；②细中粒含斑黑云二长花岗岩

细粒辉长闪长岩，交代残余结构，块状构造，由角闪石(50%)、斜长石(30%)、黑云母(15%)、石英(3%)及少量绿泥石和榍石组成。角闪石：浅黄绿色—绿色，多色性明显，表面多发生黑云母化[图 3－3(g)]、少量绿泥石化[图 3－3(h)]。斜长石：无色，半自形板状，表面因泥化而呈灰褐色，多呈交代残余结构，正低突起，可见聚片双晶、复合双晶。黑云母：无色—褐色，多色性明显，片状，见一组极完全解理，但往往被自身颜色掩盖，主要为角闪石的蚀变产物，分布在角闪石附近。石英：无色，不规则粒状，表面洁净，裂纹发育。绿泥石：无色—浅绿色，多色性明显，片状，正低突起，为角闪石的蚀变产物。岩石整体交代作用明显，角闪石为第一阶段的交代产物，黑云母为第二阶段的交代产物。

图 3-3　辉长闪长岩($J_3^1\nu\delta$)野外照片和显微镜下典型照片(通城全礼村)

(a)花岗岩插入辉长闪长岩中;(b)花岗岩与辉长闪长岩接触带的暗化边;(c)花岗岩中的辉长闪长岩包体;(d)花岗岩与辉长闪长岩接触;(e)辉长闪长岩;(f)具孔洞的辉长闪长岩;(g)角闪石黑云母化(单偏光);(h)角闪石绿泥石化(绿泥石具有异常铁锈、柏林蓝干涉色,正交偏光)

二、锆石年代学及 Hf 同位素特征

采集 1 件辉长闪长岩样品，选择其中 20 颗锆石进行 LA－ICP－MS 锆石 U－Pb 定年。CL 图像显示锆石自形程度较好，主要为长柱状，部分破碎，多数锆石显示灰黑色，少数显示亮色，具有基性岩锆石板状韵律构造(图 3－4)。少数锆石具有继承锆石核。由于 3 号锆石 U 含量较高，超出检测值，予以剔除，剩余 19 颗锆石中 U 含量为$(352\sim1742)\times10^{-6}$；Th 含量在$(243\sim812)\times10^{-6}$之间；Th/U 比值为 0.36～6.46，平均值为 2.65，指示锆石为岩浆成因。辉长闪长岩锆石谐和年龄如图 3－5 所示，19 个点均落在谐和线上，其加权平均年龄为 154±1.1Ma，为晚侏罗世。

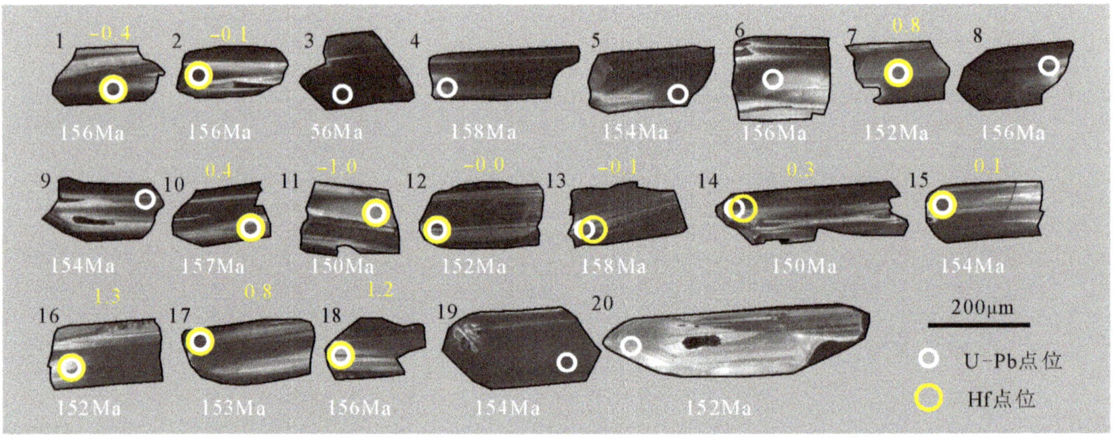

图 3－4 辉长闪长岩($J_3^1\nu\delta$)锆石 CL 图像、测点年龄及 Hf 同位素(PM002－28－1G)

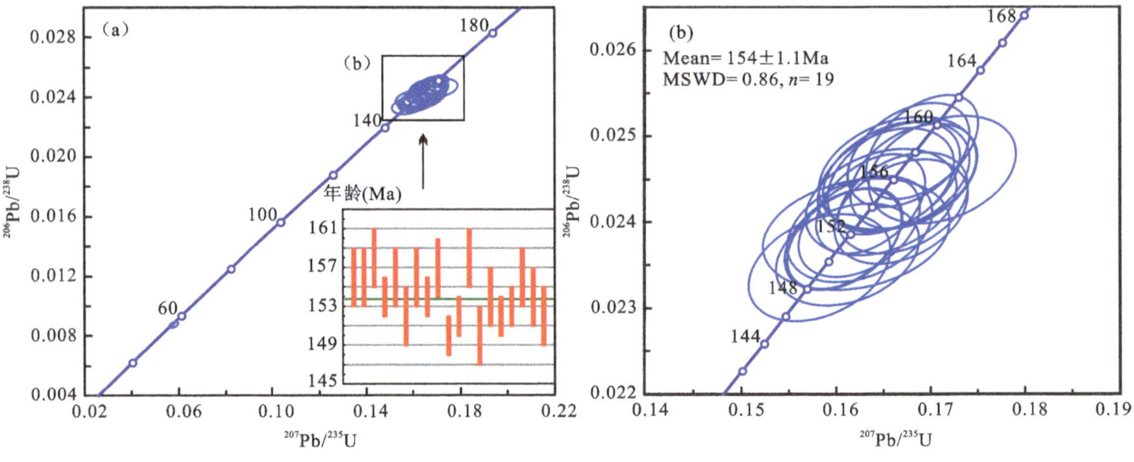

图 3－5 辉长闪长岩($J_3^1\nu\delta$)锆石 U－Pb 谐和图(PM002－28－1G)

在 LA-ICP-MS 锆石 U-Pb 定年的基础上，选取 12 颗锆石进行微区原位 Hf 同位素分析(图 3-4)。结果表明，辉长闪长岩锆石 $^{176}Lu/^{177}Hf$ 均小于 0.001 70，变化范围为 0.000 28～0.001 38，平均值 0.000 96，显示锆石在形成之后放射性成因 Hf 积累较少，测定值可以代表锆石结晶时 Hf 同位素组成(吴福元等，2007)，$^{176}Hf/^{177}Hf$ 比值变化范围为 0.282 663～0.282 727，平均值 0.282 699，$\varepsilon_{Hf}(t)$值在 0 附近，变化范围为 −1.0～1.2，平均值 0.3，对应二阶段模式年龄为 1203～1099Ma，平均为 1157Ma(图 3-6)。

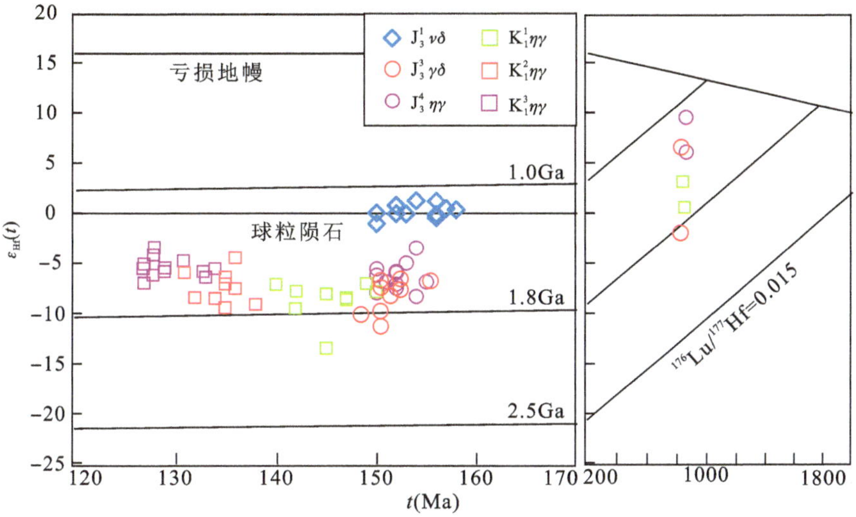

图 3-6　幕阜山中生代岩浆岩锆石 $t-\varepsilon_{Hf}(t)$图解

三、岩石地球化学特征

1. 主量元素

辉长闪长岩具有稳定的 SiO_2 含量(48.29%～53.39%)，相对较高的 MgO(10.83%～17.23%)、TFeO(7.89%～9.49%)和 MnO(0.12%～0.16%)含量，相对较低的 Al_2O_3(10.04%～12.95%)、K_2O(1.24%～2.96%)、Na_2O(0.92%～2.38%)、P_2O_5(0.17%～0.22%)含量(表 3-2)。K_2O+Na_2O 含量变化在 2.87%～4.07%之间，在 TAS 图解之上落入亚碱性的辉长岩-辉长闪长岩区域[图 3-7(a)]。样品具有较高的 $Mg^{\#}$ 值(70～79)、较低的 TFeO/MgO 比值(0.54～0.84)，进一步指示该期岩浆岩为钙碱性的基性岩类[图 3-7(b)]。

2. 微量元素

辉长闪长岩的稀土元素(REE)总含量在$(66～161)\times10^{-6}$之间，轻稀土元素(LREE)总含量$[(58～148)\times10^{-6}]$明显高于重稀土元素(HREE)总含量$[(8～13)\times10^{-6}]$。球粒陨石标准化稀土元素配分模式显示所有样品具有相似的特征，表现为轻稀土富集的右倾模式[图 3-8(a)]，相应的$(La/Yb)_N=8～22$、$(Dy/Yb)_N=1.4～2.1$；具有轻度 Eu 负异常，δEu

表 3-2 中生代岩浆岩代表性样品全岩主量元素(%)和微量元素含量($\times 10^{-6}$)

岩浆岩	$J_3^1\nu\delta$		$J_3^2\gamma\delta$	$J_3^3\gamma\delta$		$J_3^4\eta\gamma$		$K_1^1\eta\gamma$		$K_1^2\eta\gamma$		$K_1^3\eta\gamma$	
样品编号	D2028-1h	D2028-2h	D1024-1h	D3122-1h	D3122-2h	D3039-1h	D3041-1h	PM001-1-1h	PM001-3-1h	PM004-6-1h	PM004-12-2h	PM004-20-1h	PM004-23-3h
SiO_2	49.05	48.29	68.86	73.92	71.56	70.00	71.04	72.63	72.27	71.19	70.00	71.59	71.37
TiO_2	0.57	0.60	0.41	0.11	0.30	0.35	0.31	0.25	0.20	0.37	0.41	0.36	0.39
Al_2O_3	10.32	10.20	15.65	14.50	15.30	15.48	15.21	15.26	15.18	15.14	15.16	14.96	15.00
Fe_2O_3	1.87	2.32	1.09	0.16	0.55	0.77	0.69	0.52	0.58	0.52	0.45	0.66	0.67
FeO	7.33	7.22	1.75	0.53	0.97	1.32	1.15	0.98	0.62	1.43	2.22	1.45	1.22
MnO	0.15	0.15	0.05	0.01	0.02	0.03	0.03	0.03	0.03	0.05	0.06	0.04	0.04
MgO	16.59	17.23	1.02	0.27	0.50	0.86	0.73	0.40	0.32	0.61	0.91	0.66	0.60
CaO	6.22	6.01	3.01	1.79	2.50	2.74	2.62	1.82	1.44	2.06	1.83	2.00	2.22
Na_2O	1.21	0.92	3.54	3.51	4.00	3.79	3.85	4.09	3.29	3.48	3.14	3.53	3.63
K_2O	2.68	2.96	3.57	4.55	3.37	3.57	3.45	2.99	4.70	4.17	4.40	3.67	3.62
P_2O_5	0.18	0.18	0.14	0.04	0.08	0.12	0.10	0.07	0.23	0.15	0.20	0.10	0.09
H_2O	3.40	3.43	0.70	0.47	0.53	0.66	0.52	0.65	0.82	0.66	0.93	0.75	0.69
CO_2	0.04	0.05	0.05	0.03	0.05	0.05	0.05	0.03	0.04	0.03	0.08	0.05	0.05
LOI	2.65	2.74	0.47	0.32	0.31	0.46	0.38	0.70	0.69	0.45	0.72	0.63	0.83
Total	99.61	99.57	99.84	99.89	99.73	99.75	99.76	99.71	99.73	99.86	99.81	99.82	99.60
$Mg^{\#}$	78.00	79.00	43.00	44.00	40.00	46.00	45.00	35.00	36.00	39.00	41.00	39.00	39.00
A/CNK	0.64	0.65	1.03	1.04	1.03	1.02	1.02	1.15	1.16	1.08	1.14	1.11	1.08
Li	43.40	48.20	72.60	37.10	55.90	38.40	38.90	86.20	74.30	44.60	51.10	74.30	59.20
Be	1.09	0.90	2.96	2.81	2.59	2.84	3.24	4.71	3.94	3.79	5.17	4.05	3.69

续表 3－2

岩浆岩	$J_3^1\nu\delta$		$J_3^2\gamma\delta$	$J_3^3\gamma\delta$		$J_3^4\eta\gamma$		$K_1^1\eta\gamma$		$K_1^2\eta\gamma$		$K_1^3\eta\gamma$	
样品编号	D2028-1h	D2028-2h	D1024-1h	D3122-1h	D3122-2h	D3039-1h	D3041-1h	PM001-1-1h	PM001-3-1h	PM004-6-1h	PM004-12-2h	PM004-20-1h	PM004-23-3h
Sc	25.10	25.60	6.05	1.61	2.27	4.04	3.69	3.70	3.29	4.34	5.70	4.48	3.01
V	161.00	166.00	45.10	10.50	23.10	37.90	32.10	17.60	12.00	25.80	41.50	27.00	28.10
Cr	1456	1562	13.0	1.83	1.13	7.62	8.85	1.49	1.53	7.05	16.4	7.30	3.03
Co	68	72	6.05	1.33	2.97	4.29	3.77	2.20	1.48	3.63	5.68	3.77	3.16
Ni	494.00	519.00	6.26	0.97	1.79	3.31	3.02	1.18	0.62	3.71	9.72	2.59	1.10
Cu	6.34	7.65	1.31	2.35	2.24	0.70	0.91	2.75	0.41	4.89	4.25	8.61	1.70
Zn	67.20	70.10	70.30	23.00	42.20	64.80	57.50	66.00	48.50	64.20	78.50	82.50	71.30
Ga	11.30	11.50	21.80	19.30	19.30	22.20	21.60	22.70	22.70	23.00	24.20	25.70	23.30
Rb	101.00	109.00	155.00	137.00	116.00	146.00	160.00	199.00	268.00	194.00	233.00	220.00	196.00
Sr	177.00	87.90	540.00	515.00	554.00	853.00	769.00	169.00	209.00	319.00	316.00	247.00	231.00
Y	12.00	11.60	9.29	3.53	3.70	6.75	7.50	7.57	14.60	11.40	18.40	8.50	6.0
Zr	76.9	65.80	170.00	75.80	131.00	180.00	159.00	104.00	109.00	178.00	187.00	195.00	201.00
Nb	6.28	6.31	8.70	2.59	4.96	5.94	6.07	9.48	9.13	15.40	11.20	8.88	26.70
Sn	0.81	0.85	2.32	1.03	2.29	2.24	1.90	5.51	6.86	2.55	4.73	5.62	5.17
Cs	22.90	24.70	4.24	4.87	4.42	10.6	10.80	9.47	8.96	6.74	11.50	5.63	6.90
Ba	480.00	513.00	874.00	757.00	817.00	1 659.00	1 348.00	396.00	466.00	799.00	899.00	588.00	467.00
La	16.20	13.10	31.40	13.10	21.10	46.40	44.80	28.40	34.60	87.30	111.00	83.60	54.60
Ce	29.80	25.90	61.60	24.70	39.50	91.20	87.50	52.30	64.50	156.00	198.00	150.00	101.00
Pr	3.45	3.21	6.82	2.67	4.16	9.33	9.04	5.41	6.61	14.50	18.40	14.00	9.67

续表 3-2

岩浆岩	$J_3^1\nu\delta$		$J_3^2\gamma\delta$	$J_3^3\gamma\delta$		$J_3^4\eta\gamma$		$K_1^1\eta\gamma$		$K_1^2\eta\gamma$		$K_1^3\eta\gamma$	
样品编号	D2028-1h	D2028-2h	D1024-1h	D3122-1h	D3122-2h	D3039-1h	D3041-1h	PM001-1-1h	PM001-3-1h	PM004-6-1h	PM004-12-2h	PM004-20-1h	PM004-23-3h
Nd	14.20	12.70	25.00	9.50	14.70	33.40	32.20	18.40	22.60	47.40	59.90	43.70	31.70
Sm	2.88	2.78	4.31	1.68	2.40	5.26	5.37	3.19	4.24	6.67	8.84	6.17	4.11
Eu	0.71	0.65	1.06	0.59	0.65	1.15	1.09	0.59	0.65	1.14	1.12	0.83	0.74
Gd	2.60	2.49	3.09	1.23	1.52	3.09	3.08	2.18	3.39	3.81	5.52	3.38	2.26
Tb	0.39	0.38	0.40	0.16	0.17	0.34	0.38	0.29	0.54	0.50	0.76	0.43	0.26
Dy	2.30	2.26	1.90	0.76	0.8	1.48	1.67	1.45	2.82	2.35	3.77	1.98	1.28
Ho	0.43	0.44	0.34	0.13	0.12	0.22	0.25	0.25	0.49	0.41	0.64	0.30	0.21
Er	1.20	1.18	0.83	0.29	0.29	0.55	0.59	0.70	1.21	0.99	1.56	0.73	0.52
Tm	0.17	0.17	0.12	0.047	0.039	0.073	0.09	0.10	0.17	0.13	0.21	0.084	0.074
Yb	1.13	1.09	0.72	0.33	0.22	0.46	0.55	0.71	1.04	0.72	1.19	0.50	0.43
Lu	0.17	0.16	0.099	0.045	0.033	0.058	0.08	0.10	0.15	0.10	0.16	0.072	0.072
Hf	2.37	2.11	4.93	2.77	3.76	5.05	4.63	3.01	3.34	4.95	5.04	5.25	5.30
Ta	0.44	0.43	0.47	0.21	0.31	0.39	0.61	1.12	0.75	3.19	1.35	0.59	4.07
Tl	0.63	0.70	0.97	0.73	0.68	0.99	1.04	1.09	1.40	1.05	1.25	1.19	1.08
Pb	7.12	5.13	46.70	61.80	50.70	59.20	58.30	43.90	53.10	52.90	49.90	41.20	38.50
Th	6.30	3.99	13.10	6.50	9.12	19.30	20.10	17.70	21.00	43.70	45.70	47.30	32.70
U	1.25	1.21	1.14	1.29	0.95	1.42	2.1	3.97	3.70	3.78	7.69	6.79	2.13
ΣREE	75.64	66.48	137.71	55.00	86.00	193.03	186.61	114.00	143.00	321.55	410.89	306.00	207.00
$(La/Yb)_N$	10.00	9.00	31.40	29.00	68.00	73.00	58.00	29.00	24.00	86.40	67.20	119.00	91.00
δEu	0.78	0.74	0.84	1.2	0.97	0.8	0.75	0.65	0.50	0.63	0.46	0.51	0.67

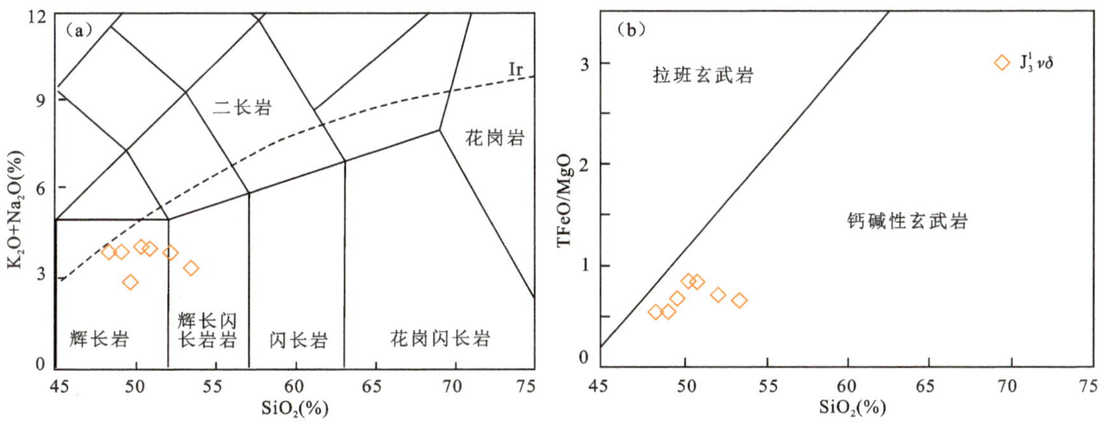

图 3-7 辉长闪长岩($J_3^1\nu\delta$)TAS 分类图解(据 Irvine et al.,1971)(a)和 SiO_2 -(TFeO/MgO)图解(据 Miyashiro,1974)(b)

变化在 0.74～0.89 之间。

辉长闪长岩相容元素 Cr=(546～1562)×10^{-6}、Co=(48～72)×10^{-6}和 Ni=(211～494)×10^{-6}。样品显示相对富集大离子亲石元素(LILE)[Rb=(43～109)×10^{-6},Ba=(397～727)×10^{-6}],高场强元素(HFSE)Nb 和 Ta 的含量相对较低[Nb=(6.28～13.4)×10^{-6}和 Ta=(0.43～0.70)×10^{-6}]。在原始地幔标准化微量元素蛛网图上,大离子亲石元素 Rb、Ba 和 Pb 显示明显的正异常,而 Nb-Ta、Ti、Zr-Hf 表现为相对相邻元素的负异常[图 3-8(b)],具有弧型岩浆岩地球化学特征。

3. Sr-Nd-Pb 同位素

全岩 Sr-Nd-Pb 同位素组成如表 3-3 所示,t 按锆石 U-Pb 定年结果 154Ma 计算。结果显示,$(^{87}Sr/^{86}Sr)_m$ 和 $(^{143}Nd/^{144}Nd)_m$ 变化范围不大,分别为 0.708 3～0.714 5 和 0.512 33～0.512 44,对应的$(^{87}Sr/^{86}Sr)_i$=0.706 7～0.707 9,$\varepsilon_{Nd}(t)$=-4.5～-2.5。同时,不同样品显示的 Pb 同位素组成也比较均一,对应的$^{206}Pb/^{204}Pb$、$^{207}Pb/^{204}Pb$ 和$^{208}Pb/^{204}Pb$比值较为稳定,分别为 18.23～18.53、15.68～15.73 和 38.75～39.10(图 3-8)。

四、岩石成因

辉长闪长岩($J_3^1\nu\delta$)样品具有较低的烧失量(1.38%～2.74%),表明样品遭受了程度较轻的低温蚀变。一些代表性的活泼元素的变化范围较小,如 K_2O(1.24%～2.96%)、Na_2O(0.92%～2.38%)、Rb[(42.7～109)×10^{-6}],表明后期的蚀变作用并没有显著地改变初始的地球化学组成。因此,其元素(尤其是相对稳定的 HFSE 和 REE)含量,以及 Sr-Nd-Pb 同位素数据可以用于岩石分类和成因的讨论。

表 3-3　晚侏罗世—早白垩世岩浆岩全岩 Sr-Nd-Pb 同位素组成

样品编号	代号	年龄(Ma)	$^{87}Rb/^{86}Sr$	$(^{87}Sr/^{86}Sr)_m$	$(^{87}Sr/^{86}Sr)_i$	$^{147}Sm/^{144}Nd$	$(^{143}Nd/^{144}Nd)_m$	$\varepsilon_{Nd}(t)$	T_{DM2}(Ma)	$^{206}Pb/^{204}Pb$	$^{207}Pb/^{204}Pb$	$^{208}Pb/^{204}Pb$
D2028-1h	$J_3^1\nu\delta$	154	1.651 2	0.711 1	0.707 5	0.122 7	0.512 416	−2.9	1180	18.393	15.71	38.94
D2028-2h	$J_3^1\nu\delta$	154	3.602 0	0.714 5	0.706 7	0.132 5	0.512 444	−2.5	1151	18.528	15.73	39.10
D2028-3h	$J_3^1\nu\delta$	154	0.479 1	0.708 9	0.707 9	0.128 1	0.512 388	−3.5	1233	18.310	15.70	38.75
D2029-1h	$J_3^1\nu\delta$	154	0.404 5	0.708 3	0.707 4	0.113 3	0.512 345	−4.1	1278	18.366	15.69	38.98
D2029-2h	$J_3^1\nu\delta$	154	0.399 3	0.708 5	0.707 6	0.124 1	0.512 364	−3.9	1265	18.388	15.68	38.91
D2029-3h	$J_3^1\nu\delta$	154	0.421 0	0.708 8	0.707 9	0.119 2	0.512 331	−4.5	1309	18.254	15.70	38.82
PM003-2-3h	$J_3^4\eta\gamma$	152	0.706 8	0.7120	0.710 5	0.107 5	0.512152	−7.8	1576	18.285	15.72	38.86
D3122-1h	$J_3^3\gamma\delta$	150	0.771 3	0.712 7	0.711 1	0.106 9	0.512 147	−7.9	1583	18.244	15.66	38.60
PM002-13-3h	$J_3^3\gamma\delta$	150	0.444 5	0.713 2	0.712 3	0.107 9	0.512 147	−7.9	1584	18.440	15.76	38.97
PM001-3-3h	$K_1{}^1\eta\gamma$	144	4.932 2	0.728 24	0.718 15	0.1616	0.512 152	−8.8	1652	18.419	15.73	38.79
PM004-6-1h	$K_1^2\eta\gamma$	135	1.752 0	0.716 73	0.713 37	0.085 1	0.512 075	−9.1	1669	18.234	15.73	39.00
PM004-23-2h	$K_1^2\eta\gamma$	135	2.716 5	0.718 91	0.713 70	0.090 5	0.512 048	−9.7	1719	18.468	15.71	39.01
PM004-20-1h	$K_1^3\eta\gamma$	130	2.575 9	0.718 11	0.713 35	0.085 3	0.512 078	−9.1	1666	18.365	15.72	39.18

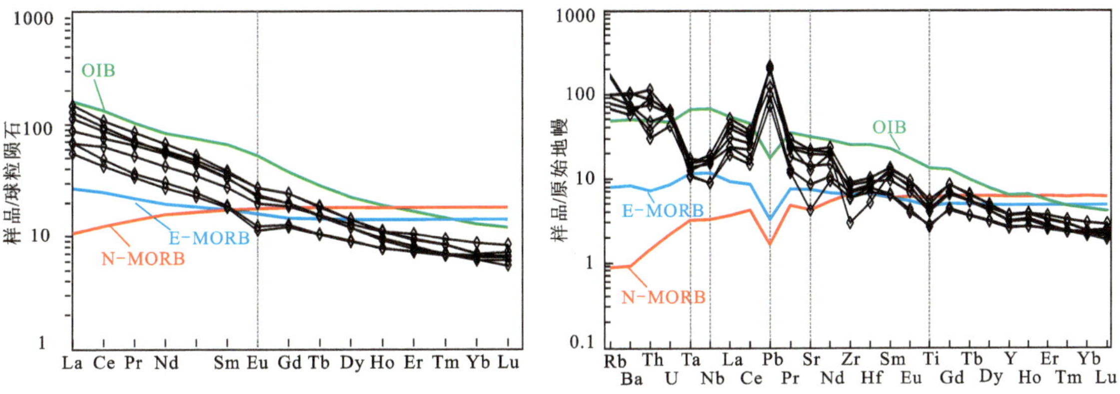

图 3-8　晚侏罗世辉长闪长岩球粒陨石标准化稀土元素配分图(a)和原始地幔标准化微量元素蛛网图(b)

OIB. 洋岛玄武岩;N-MORB. 正常的洋中脊玄武岩;E-MORB. 富集的洋中脊玄武岩;球粒陨石与原始地幔标准值据 Sun et al.,1989;后同

一般认为,地壳的混染会造成显著的 Nb、Ta 亏损,同时显著地提高 Pb、Zr 和 Hf 的含量。虽然在原始地幔标准化元素蛛网图[图 3-8(b)]上可见 Nb-Ta 的负异常和 Pb 的正异常,但是较弱的 Zr-Hf 的负异常表明 $J_3^1\nu\delta$ 并没有遭受强烈的地壳混染。样品 SiO_2 变化于 48.29%～53.39%之间,但其 $\varepsilon_{Nd}(t)$(−4.5～−2.5)、$(^{87}Sr/^{86}Sr)_i$(0.706 7～0.707 9)值变化不大,$^{206}Pb/^{204}Pb$、$^{207}Pb/^{204}Pb$ 和 $^{208}Pb/^{204}Pb$ 比值也比较稳定(图 3-9);SiO_2 与 $\varepsilon_{Nd}(t)$之间并不存在线性关系;标记地壳混染程度的微量元素比值 Nb/La(0.35～0.70)、Nb/Ta(14.2～21.8)变化不大,且 MgO 与 Nb/La 之间也不存在线性关系(图 3-10),以上均表明这些样品在形成过程中并没有经历明显的地壳混染,其弧形岩浆岩的地球化学特征和富集的 Sr-Nd-Pb 同位素组成形成于部分熔融之前,指示一个富集地幔源区。$\varepsilon_{Hf}(t)$=−1.0～1.2,平均值 0.3,同样指示辉长闪长岩可能来自于富集地幔源区。事实上,大量研究指示白垩纪下扬子大陆岩石圈地幔的性质是富集的,例如:Chen et al.(2001)获得的白垩纪基性岩的 $\varepsilon_{Nd}(t)$ 在−9.3～−1.8 之间;Yan et al.(2008)分析的这一时期的基性岩的 $(^{87}Sr/^{86}Sr)_i$=0.705 6～0.707 1、$\varepsilon_{Nd}(t)$=−8.3～−5.3。

$J_3^1\nu\delta$ 样品岩石化学成分并不十分均一,其 MgO 变化于 10.83%～17.23%之间。在 MgO 与主量元素和微量元素的双变量图解(图 3-10)上,与 SiO_2、CaO、Al_2O_3、Na_2O 显示负相关,而与相容元素 Cr 和 Ni 显示正相关,指示岩浆源区存在橄榄石(单斜辉石)的分离结晶作用。MgO 与 Sr 之间表现为正相关性,却与 Eu/Eu* 之间的线性关系不明显,这些特征表明样品中的 Sr 和 Eu 的异常与斜长石的分离无关。综上所述,$J_3^1\nu\delta$ 源区主要存在橄榄石或单斜辉石的分离作用。

没有遭受混染的软流圈(或者地幔柱产生的大陆玄武岩)通常具有平坦的(或者稍微右倾)稀土元素配分模式,无 Nb-Ta 和 Ti 的负异常(Condie,2001),其主要识别标志包括:$(Th/Nb)_{PM}<1$(Saunders et al.,1992);Nb/La>1(Kieffer,2004);与洋岛玄武岩相似的La/Nb和

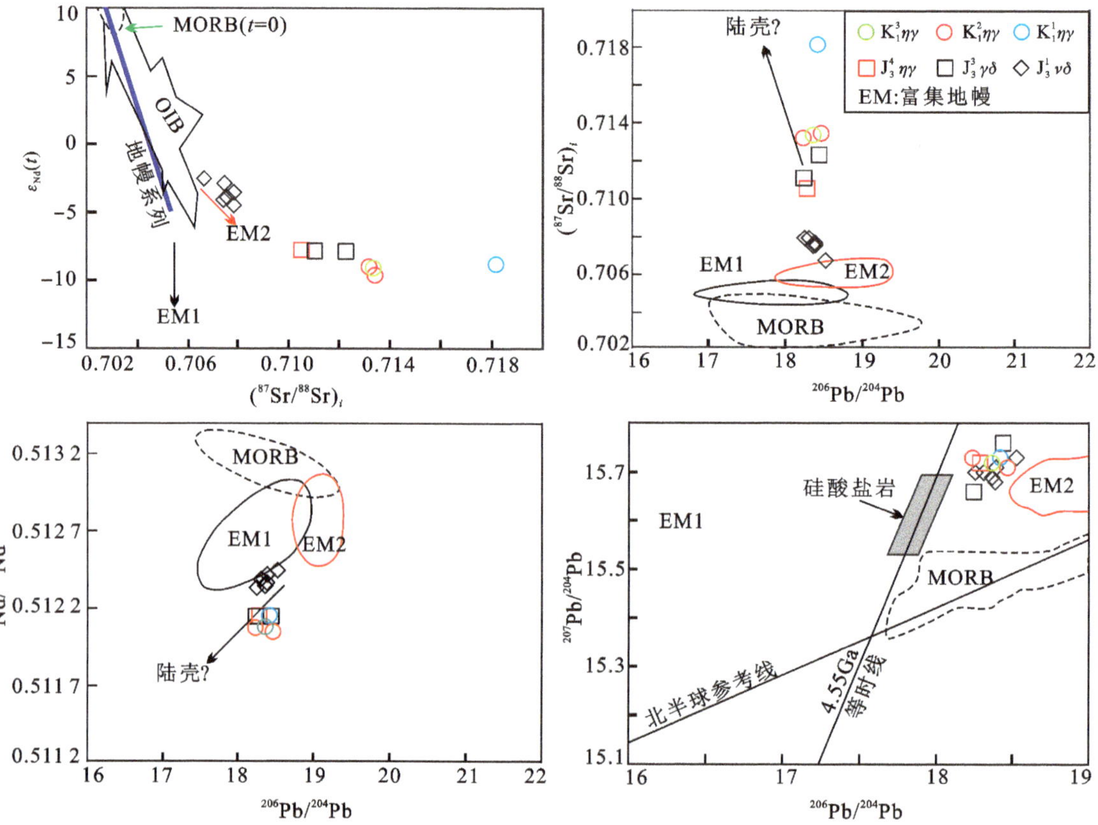

图 3-9　晚侏罗世—早白垩世岩浆岩的全岩 Sr-Nd-Pb 同位素组成特征

EM1. Ⅰ型富集地幔；EM2. Ⅱ型富集地幔

La/Ba 比值(Fitton,1995)；低的 $^{87}Sr/^{86}Sr$ 比值(<0.705)；高的 $\varepsilon_{Nd}(t)$ 值(>2)(Saunders et al.,1992)。与之不同，以地幔楔为代表的岩石圈地幔熔融形成的玄武质岩浆通常具有弧型岩浆岩的地球化学特征。图 3-8(b)显示富集 LREE 和 LILE(如 Rb、Ba 和 Pb)、亏损 HFSE(Nb-Ta、Zr-Hf 和 Ti)，这样的弧型岩浆岩的地球化学特征表明 $J_3^1\nu\delta$ 样品可能源自一个与弧有关的源区，而不是软流圈或者 OIB 型源区。另外，辉长闪长岩样品具有十分高的 $(Th/Nb)_{PM}$(1.8～8.4)、Ba/La(13.1～39.2)比值，较低的 Nb/La(0.35～0.70)比值，所有的这些元素含量及其比值均与软流圈和 OIB 区域不同，而指示一个遭受流体或(和)熔体交代的地幔源区。

相较于俯冲板片熔体而言，流体交代的地幔楔熔融形成的岩浆通常具有较高的 LILE/HFSE 和 LREE/HFSE 比值。样品中，Ba/La(13～39)、La/Ta(23～55)和 Ba/Nb(37～81)比值较高，指示地幔源区可能遭受了一定程度的流体交代。$\varepsilon_{Nd}(t)=-4.5\sim-2.5$、$(^{87}Sr/^{86}Sr)_i=0.7067\sim0.7079$，以及 $\varepsilon_{Nd}(t)$ 与 Th/Zr 之间显示负相关性，指示地幔源区可能还遭受了再循环古老沉积物释放熔体的交代作用。

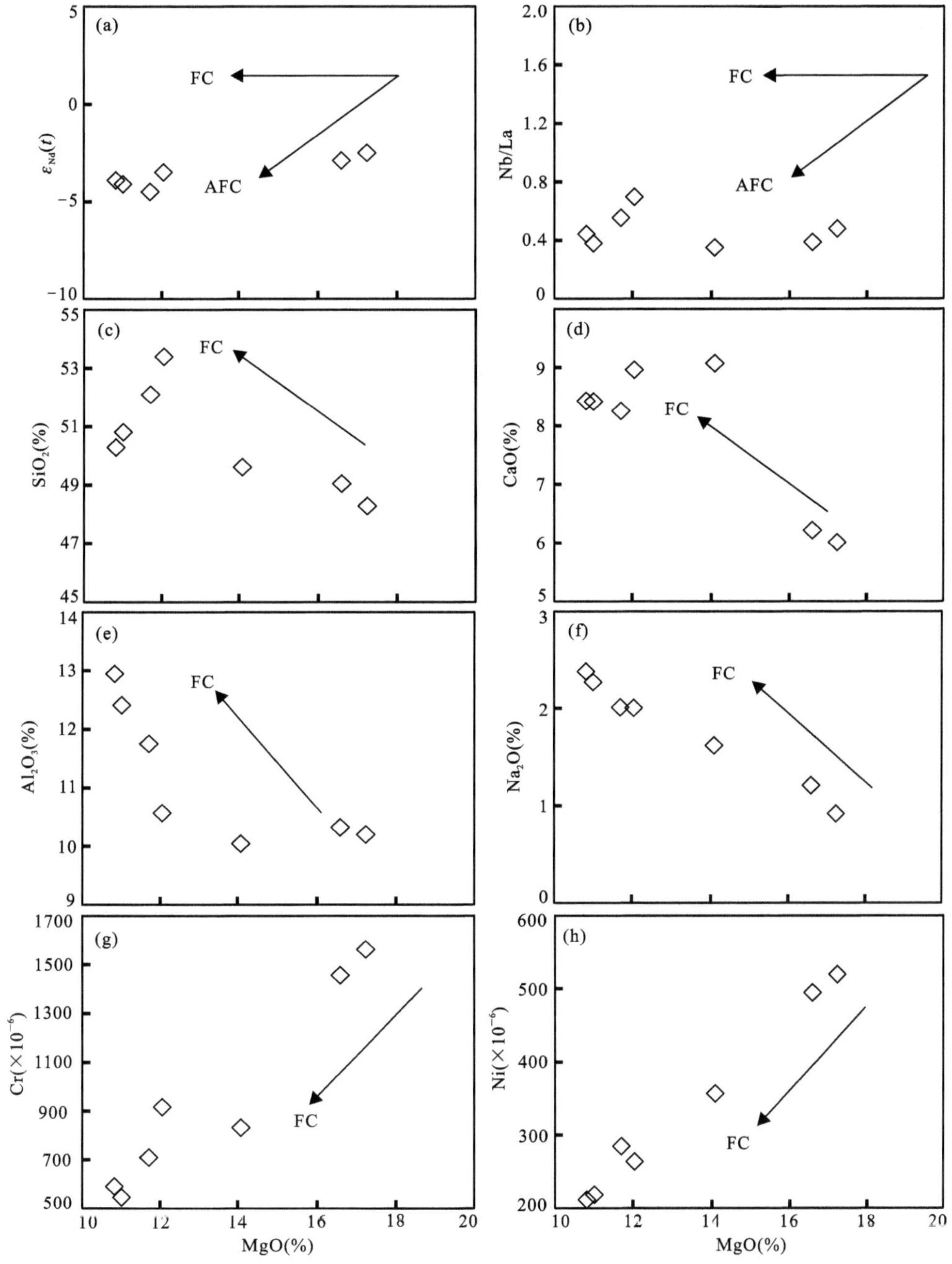

图 3-10 晚侏罗世辉长闪长岩 MgO 与主量元素、微量元素双变量图解

AC. 分离结晶；AFC. 同化混染和分离结晶；后同

综上所述，辉长闪长岩($J_3^1\nu\delta$)属钙碱性系列，具有弧型岩浆岩的地球化学特征和弱富集的 Sr-Nd-Pb 同位素特征，其岩石成因解释为：遭受俯冲带流体和沉积物熔体交代的大陆岩石圈地幔发生熔融并经历橄榄石/单斜辉石的分离结晶而形成。

第二节　晚侏罗世花岗岩

一、第一阶段：细中粒黑云花岗闪长岩

（一）地质和岩石学特征

细中粒黑云花岗闪长岩（$J_3^2\gamma\delta$）仅出露于詹桥镇东，如镰刀状的弧形西向突出，北达断峰山顶，南至南冲垄，被其他地质体隔成 3 部分，出露面积 6.3km²（图 2－2）。中部西向突出部分被混合岩包裹其中，呈扭曲的透镜体状；北部东与含斑黑云二长花岗岩（$J_3^4\eta\gamma$）侵入接触，西侵入 QbL^{sch} 二云石英片岩中，接触带附近围岩多发生角岩化；南部呈扭曲的透镜体状，长轴南北向，东与 $J_3^4\eta\gamma$ 侵入接触，西侵入到混合岩中（图3－11、图 3－12）。

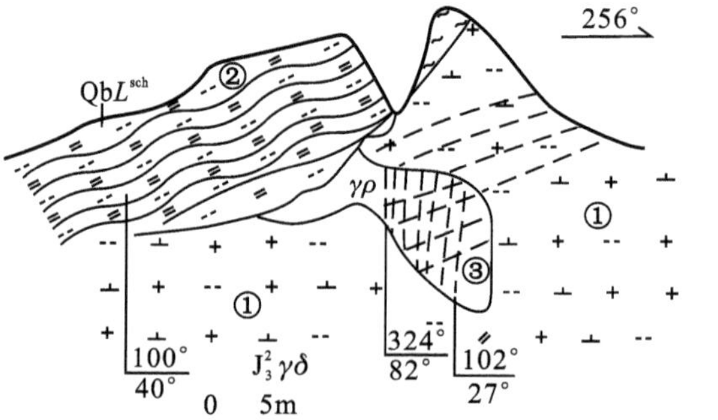

图 3－11　细中粒黑云花岗闪长岩（$J_3^2\gamma\delta$）与冷家溪群片岩组（QbL^{sch}）侵入接触关系素描图（詹桥镇大界村）

①细中粒黑云花岗闪长岩；②二云石英片岩；③花岗伟晶岩脉

$J_3^2\gamma\delta$ 整体中等或强风化，中粒或细中粒结构，后期多被细粒正长花岗岩脉和伟晶岩脉侵入（图 3－13）。与围岩接触带附近岩体由于侵位挤压流动，多具流动构造，长石和石英普遍有压扁拉长的现象。与冷家溪群片岩组（QbL^{sch}）接触带处多被后期伟晶岩脉、石英脉和细粒正长花岗岩脉侵入（图 3－14）。$J_3^2\gamma\delta$ 包括中粒黑云二长花岗岩与细中粒黑云二长花岗岩[图 3－12(c)、图 3－12(d)]。

细中粒黑云花岗闪长岩，细中粒花岗结构，主要由石英、斜长石、钾长石、黑云母组成，含少量白云母、磁铁矿、褐帘石、绿帘石、磷灰石和锆石。石英，不规则粒状，多为中粒级，少为细粒级，大者达 4mm，极低突起，无解理，无双晶，较干净，具波状消光，不均匀分布，常成团块状集合体产出，显得粒度较大，含量 24％～35％。斜长石，多为不规则板状，少为不规则粒状，粒径多为 2～4mm，见聚片双晶和不清晰的环带结构，双晶单体较窄，消光角较小，为酸性斜长石，轻度泥状绿帘石、黝帘石、绢云母化，少数含少量细小白云母和微细粒绿帘石，含量 45％～50％。钾长石，多为不规则粒状，少为不规则板状，粒径多小于 2mm，少数者大于 2mm，大者达 3mm，见格子双晶，隐约见条纹结构，为微斜长石、微斜条纹长石，轻度泥状高岭石化，含量约 15％。黑云母，不规则片状，粒径不等，大者达 1.6mm，1 组极完全解理，淡黄褐色—暗绿褐色，多色性、吸收性十分显著，最高干涉色Ⅲ级，近平行消光；多数较新鲜，少

图 3-12　花岗闪长岩($J_3^2\gamma\delta$)野外照片和镜下照片

(a)细中粒黑云花岗闪长岩($J_3^2\gamma\delta$)与混合岩(K_1mi)界线(詹桥镇大界村);(b)细中粒黑云花岗闪长岩($J_3^2\gamma\delta$)与冷家溪群片岩组二云石英片岩(QbL^{sch})界线(断峰山);(c)细中粒黑云花岗闪长岩宏观特征(麻冲);(d)细中粒黑云花岗闪长岩手标本部特征(廖家冲);(e)细中粒黑云花岗闪长岩单偏光镜下特征;(f)花岗闪长岩正交光镜下特征;Q. 石英;Mic. 微斜长石;Bi. 黑云母;Pl. 斜长石

数不同程度绿泥石化和被白云母交代,成细小团块状集合体不均匀分布于长石、石英粒间,含量 9%~15%。

(二)锆石年代学与 Hf 同位素特征

本次工作采集 1 个黑云花岗闪长岩样品，共挑选 20 颗锆石进行 LA－ICP－MS 锆石 U－Pb测年，其中 4 颗锆石谐和度较差。CL 图像显示锆石自形程度较好，主要呈长柱状，长宽比 1.5∶1～4∶1，少部分为断头锆石，多数锆石核部显示亮色，且具有岩浆韵律环带结构，显示其为岩浆成因，普遍具有变质增生边，但太窄无法测试(图 3－15)。除 12 号锆石测试继承核外，其他均测试亮色环带，并显示锆石中 U 含量变化不大，在(442～657)$\times 10^{-6}$之间，平均值 508$\times 10^{-6}$；Th 含量变化也不大，在(201～410)$\times 10^{-6}$之间，平均值 290$\times 10^{-6}$；Th/U比值为 0.44～0.74，平均值 0.57，指示岩浆成因。16 个测点的$^{206}Pb/^{238}U$ 年龄值如图 3－15所示。其中，12 号继承核锆石年龄为 951±17Ma；其他 15 个数据比较接近，均落在谐和线上(图 3－16)，其加权平均年龄为 153±1.4Ma，为晚侏罗世。

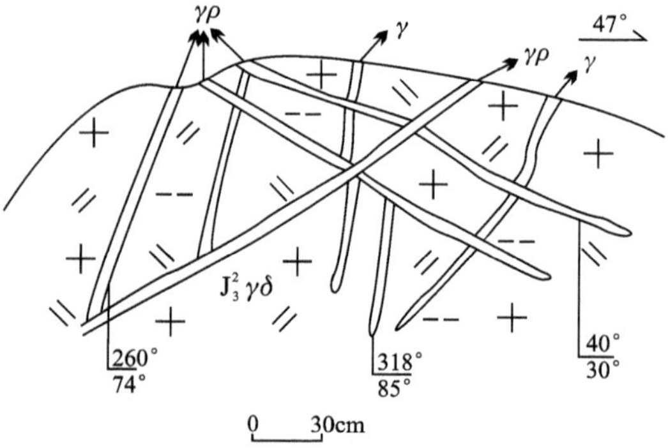

图 3－13　黑云花岗闪长岩($J_3^2\gamma\delta$)中伟晶岩脉素描图(断峰山)

γ. 细粒花岗岩脉；γρ. 花岗伟晶岩脉

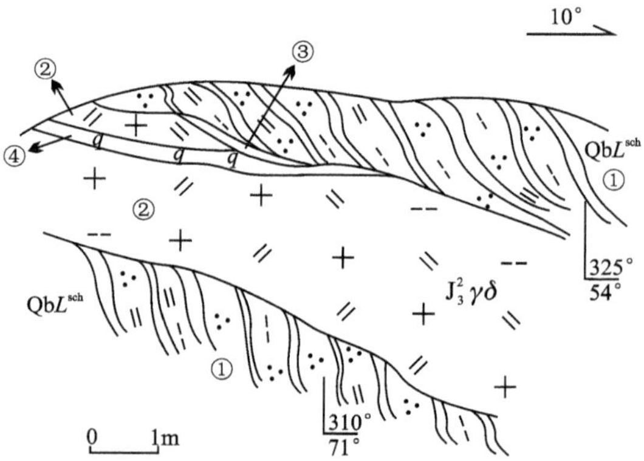

图 3－14　黑云花岗闪长岩($J_3^2\gamma\delta$)侵入 QbL^{sch} 素描图(断峰山)

①二云石英片岩；②中粒黑云花岗闪长岩(片麻状)；③细粒花岗岩脉；④石英脉

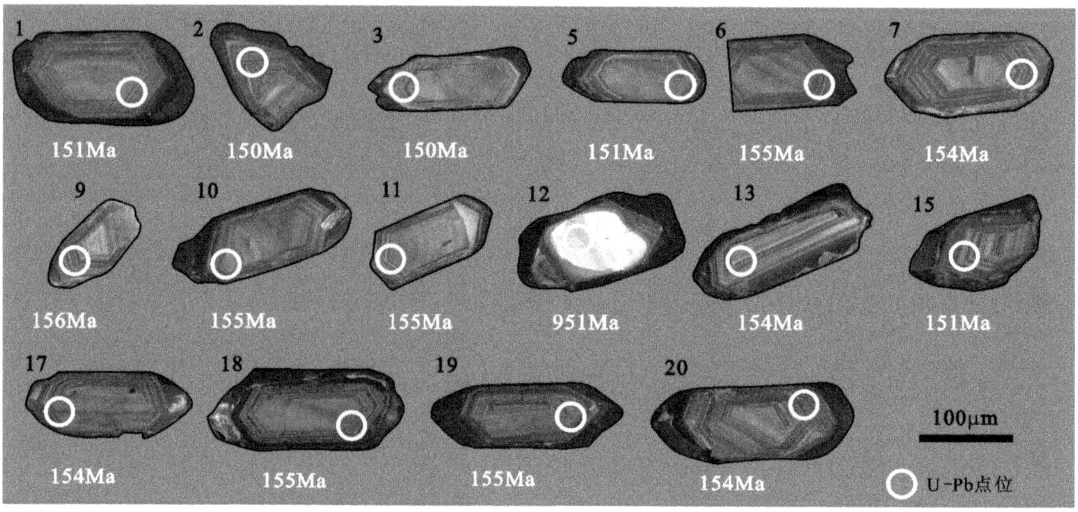

图 3－15　细中粒黑云花岗闪长岩($J_3^2\gamma\delta$)锆石 CL 图像和测点年龄(D1024－1G)

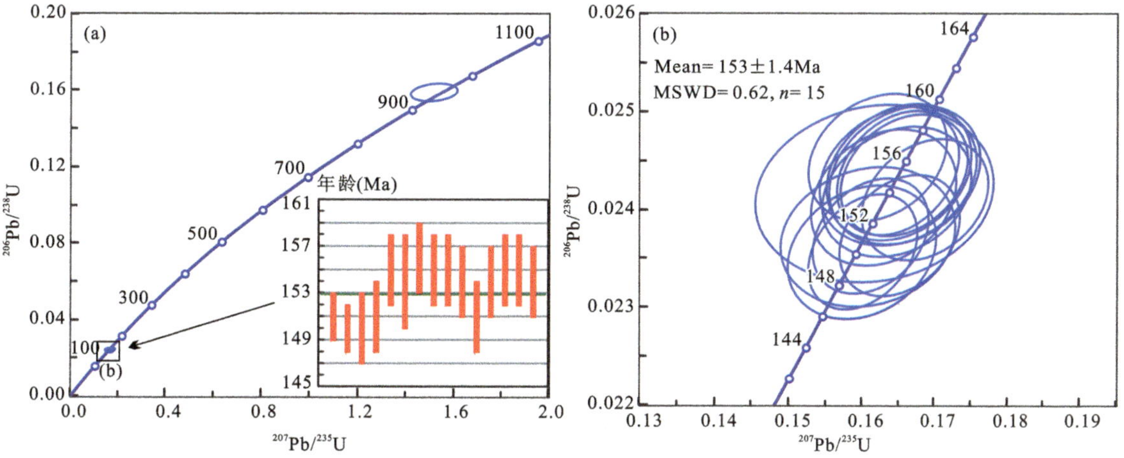

图 3-16　细中粒黑云花岗闪长岩($J_3^2\gamma\delta$)锆石 U-Pb 谐和图(D1024-G)

(三)岩石地球化学特征

1. 主量元素

细中粒黑云花岗闪长岩($J_3^2\gamma\delta$)的 SiO_2 含量为 68.86%,地球化学组成上属于花岗岩类。样品的 MgO(1.02%)、TFeO(2.73%)、TiO_2(0.41%)和 MnO(0.05%)含量较低;K_2O 和 Na_2O 分别为 3.57%、3.54%,在 SiO_2-(K_2O+Na_2O-CaO)图解上,样品落入钙碱性系列区[图 3-17(a)];其中 Al_2O_3 含量为 15.65%,对应的铝饱和指数(A/CNK)为 1.03,属于弱过铝质花岗岩[图 3-17(b)]。样品的 $Mg^{\#}$ 值为 43,在 SiO_2-TFeO/(TFeO+MgO)图解上,该期岩浆岩落入具有低的 TFeO/(TFeO+MgO)比值(0.73)的镁质区域[图 3-17(c)]。在 TAS 分类中,样品位于花岗闪长岩的区域,这与岩相学观察一致。

2. 微量元素

样品具有较高的 Sr 含量(540×10^{-6})及较低的 Yb 含量(0.72×10^{-6})和 Y 含量(9.29×10^{-6}),对应的 Sr/Y 和 La/Yb 比值非常高,分别为 52 和 44。同时具有低的 HFSE,如 Nb=8.7×10^{-6}、Ta=0.47×10^{-6},这些特征与典型的埃达克质岩石类似。在 Y-Sr/Y 图解和 Yb_N-$(La/Yb)_N$ 图解(图 3-18)上,样品投入埃达克岩的成分区。

稀土元素方面,该期花岗闪长岩稀土元素总量较低,为 138×10^{-6},其中轻稀土元素、重稀土元素总量分别为 130×10^{-6} 和 8×10^{-6}。在球粒陨石标准化稀土元素配分图上[图 3-19(a)],显示 LREE 相对 HREE 强烈富集的右倾模式,对应的$(La/Yb)_N$=31、$(Dy/Yb)_N$=1.8;具有较弱的 Eu 负异常,对应的 δEu=0.84。在微量元素的蛛网图[图 3-19(b)]上,相对于相邻元素,Rb、Pb 等大离子亲石元素表现为正异常,而 Nb、Ta、Ti 等高场强元素表现为负异常。

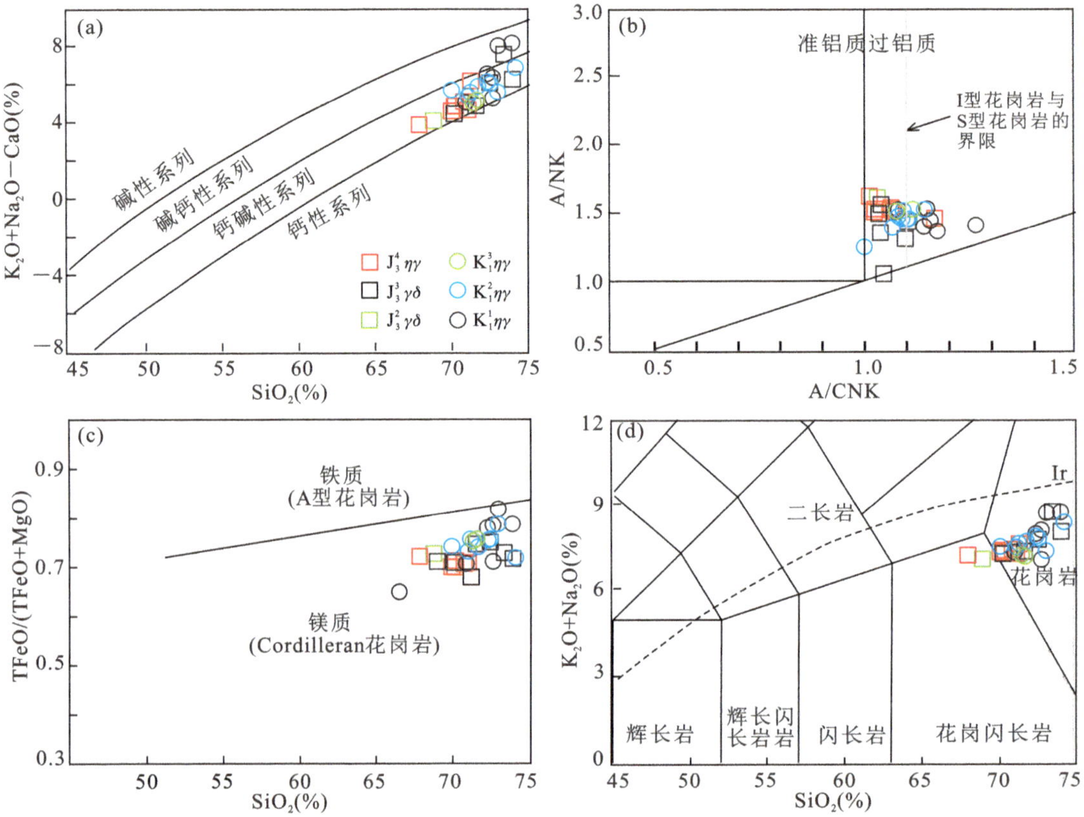

图 3-17 晚侏罗世—早白垩世岩浆岩的岩石分类图解

(a)SiO_2 -(K_2O+Na_2O-CaO)图解;(b)A/CNK - A/NK 图解;(c)SiO_2 - TFeO/(TFeO+MgO)图解;(d)侵入相岩石的 TAS 分类

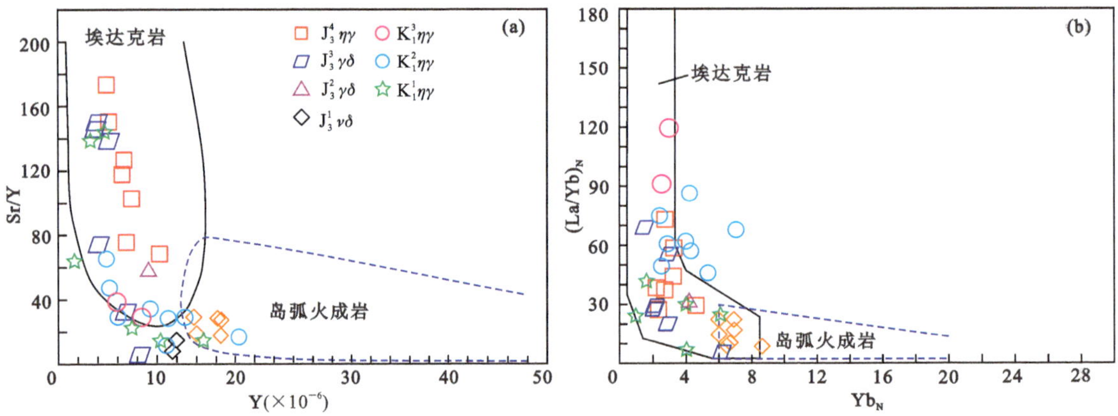

图 3-18 晚侏罗世—早白垩世花岗岩类 Y - Sr/Y 图解(a)和 Yb_N -$(La/Yb)_N$ 图解(b)

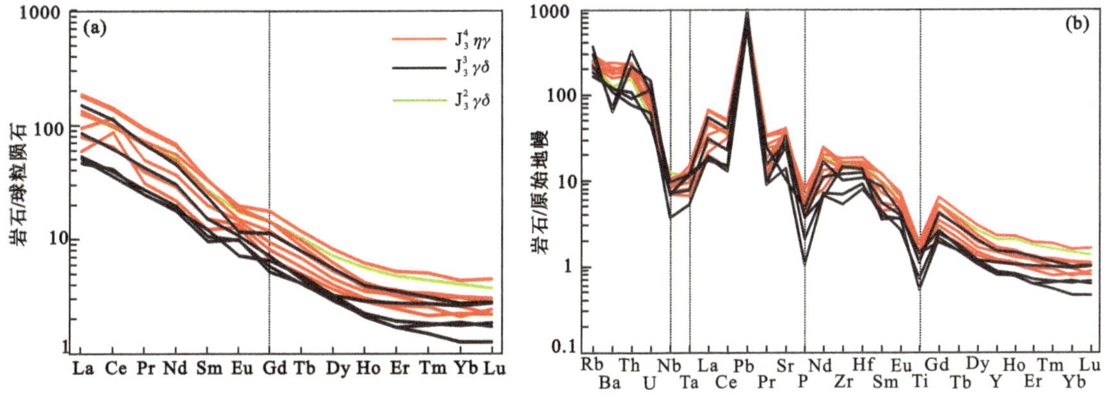

图 3－19　晚侏罗世花岗岩球粒陨石标准化稀土元素配分图(a)和原始地幔标准化微量元素蛛网图(b)

二、第二阶段：细粒黑云花岗闪长岩

(一)地质和岩石学特征

细粒黑云花岗闪长岩($J_3^3\gamma\delta$)主要出露于北港镇东南部，左港水库一带，呈岩株产出，形态不规则，基本被晚侏罗世第三阶段花岗岩($J_3^4\eta\gamma$)包围，仅东侧与早白垩世第一阶段花岗岩($K_1^1\eta\gamma$)接触，出露总面积 17.18km²。$J_3^3\gamma\delta$ 多与 $J_3^4\eta\gamma$ 齿状交叉，交互出现，两者之间界线多较平直，少数弯曲(图 3－20)。$J_3^3\gamma\delta$ 中可见闪长岩包体、花岗岩捕虏体和条带状黑云母团包，接触界线处见黑云母条带富集(图 3－21)。闪长岩包体多呈椭圆状，接触界线弯曲，大小不一。花岗岩捕虏体多呈条带状，少数呈眼球状，规模大小不一(图 3－22)。岩体中多发育伟晶岩脉，也可见少量正长花岗岩脉。岩体普遍发生轻微蚀变，多为白云母化和绿帘石化。岩性总体为浅灰色细粒黑云花岗闪长岩，局部可达中粒。

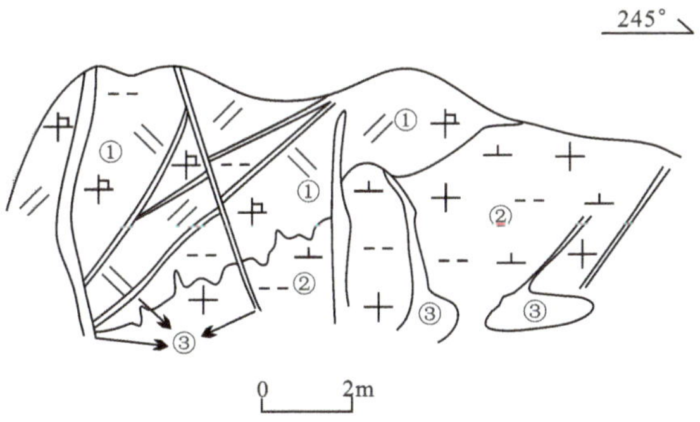

图 3－20　伟晶岩脉穿插细粒黑云花岗闪长岩和含斑黑云二长花岗岩素描图(上石家咀)

①细中粒含斑黑云二长花岗岩($J_3^4\eta\gamma$)；②细粒黑云花岗闪长岩($J_3^3\gamma\delta$)；③花岗伟晶岩脉($\gamma\rho$)

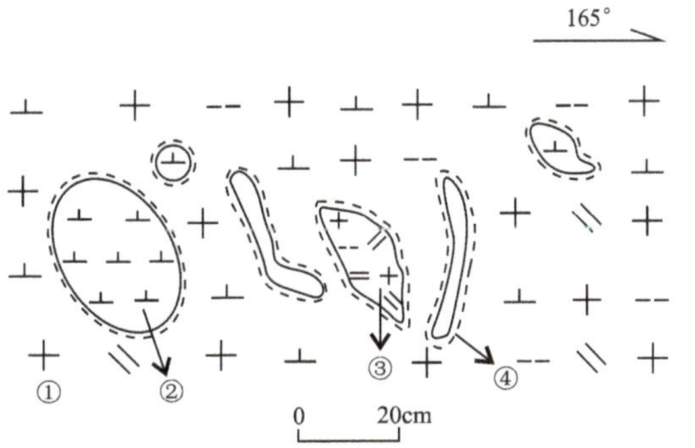

图 3－21　细粒黑云花岗闪长岩($J_3^3\gamma\delta$)中闪长岩包体素描图(虎形洞)

①细粒黑云花岗闪长岩；②细粒闪长岩；③中细粒二云二长花岗岩；④黑云母条带

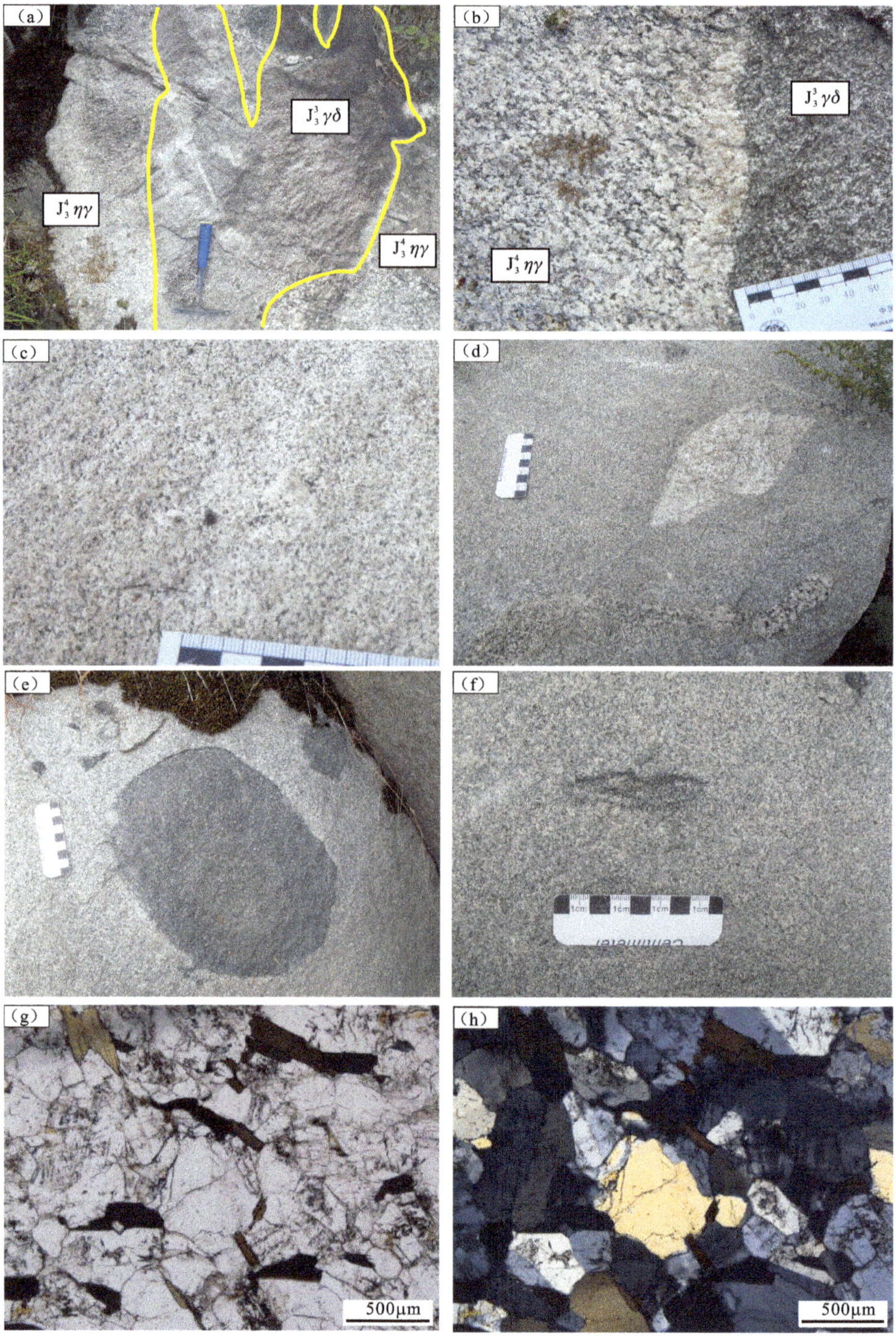

图 3-22　细粒黑云花岗闪长岩($J_3^3\gamma\delta$)野外照片与镜下照片

(a)、(b)细粒黑云花岗闪长岩($J_3^3\gamma\delta$)与细中粒含斑黑云二长花岗岩($J_3^4\eta\gamma$)接触界线(庙上屋);(c)细粒黑云花岗闪长岩(鹰咀大屋);(d)细粒黑云花岗闪长岩中花岗岩捕虏体(虎形洞);(e)细粒黑云花岗闪长岩中闪长岩包体(虎形洞);(f)细粒黑云花岗闪长岩中残留体(虎形洞);(g)、(h)斜长石聚片双晶及卡纳复合双晶、微斜长石具有格子双晶[(g)单偏光;(h)正交光]

细粒黑云花岗闪长岩，细粒花岗结构，块状构造，主要由斜长石、钾长石、石英、黑云母组成[图 3-22(e)、图 3-22(f)]，含有少量白云母、磷灰石、锆石。斜长石，多为不规则板状，少为不规则粒状；大小小于 1.2mm×2.4mm；见聚片双晶，双晶单体较窄，消光角较小，为酸性斜长石，较大者发育环带结构，轻度泥状绿帘石、黝帘石化，有的含细小片状白云母，有的含蠕石英，含量为 40%～45%。钾长石，多为不规则粒状，少为不规则板状；粒径多小于 2mm，极少数者达 2.4mm；见卡氏巴双晶、格子双晶和不强烈的条纹结构，为正长条纹长石、微斜条纹长石；轻度泥状高岭石化，少见钾长石与细小石英规则交生形成显微文象长石，含量 10%～20%。石英，呈不规则粒状；粒径多小于 2mm，个别达 2mm；极低突起，无解理，无双晶，较干净，具波状消光；近均匀分布于长石粒间，含量为 20%～35%。黑云母，呈不规则片状；粒径不等，大者达 0.25mm×0.90mm；1 组极完全解理，淡黄褐色—暗绿褐色，多色性、吸收性十分显著，最高干涉色Ⅲ级，近平行消光；部分含磁铁矿、磷灰石、锆石微晶；多数者较新鲜，少数者不同程度绿泥石化和被白云母交代；不均匀分布于长石、石英粒间，含量为 4%～15%。

(二)锆石年代学与 Hf 同位素特征

在左港水库南侧采集 1 件细粒黑云花岗闪长岩样品(PM001-16-1G)进行同位素定年，20 颗锆石的 CL 图像显示自形程度较好，主要呈长柱状，长 110～250μm，长宽比 1.2∶1～4.5∶1，多具核-边结构，核部显示亮色且发育岩浆韵律环带结构，指示岩浆成因，边部为变质增生边，少数具有继承锆石核(图 3-23)。选取 4 颗锆石的继承核和 16 颗锆石的韵律环带测试，除继承核与谐和度较差的 1 号、20 号锆石外，14 颗锆石中 U 含量在$(143 \sim 1513)\times10^{-6}$之间，平均值 771×10^{-6}；Th 含量在$(13 \sim 1230)\times10^{-6}$之间，平均值 492×10^{-6}；Th/U 比值为 0.04～1.49，平均值 0.68，符合岩浆锆石特征。

18 个测点的 $^{206}Pb/^{238}U$ 年龄值如图 3-23 所示。4 颗继承核锆石年龄分别为 819±13Ma、824±14Ma、794±12Ma、822±13Ma，可能来自岩浆源区的残留锆石。其他 14 颗锆石数据均落在谐和线上，其加权平均年龄为 150±1.1Ma(图 3-24)。

在锆石定年的基础上，选取了 12 颗锆石进行微区原位 Hf 同位素分析，其中两个为继承锆石核，年龄分别为 822Ma 和 824Ma。分析结果表明：10 颗中生代锆石颗粒 $^{176}Lu/^{177}Hf$ 为 0.000 09～0.001 04，平均值 0.000 43，$^{176}Hf/^{177}Hf$ 比值变化范围为 0.282 374～0.282 504，平均值 0.282 460，$\varepsilon_{Hf}(t)$值为 11.3～-6.6，平均值-8.2，对应二阶段模式年龄为1880～1586Ma，平均为 1687Ma。两个继承锆石核 $^{176}Lu/^{177}Hf$ 分别为 0.000 98、0.000 17，$^{176}Hf/^{177}Hf$ 比值为 0.282 466、0.282 212 3，$\varepsilon_{Hf}(t)$值为 6.6、-2，对应二阶段模式年龄为 1818Ma、1281Ma(图 3-6)。

(三)岩石地球化学特征

1. 主量元素

相对 $J_3^2\gamma\delta$ 和 $J_3^4\eta\gamma$ 而言，$J_3^3\gamma\delta$ 具有稍高的 SiO_2 含量，集中在 69.07%～73.92%之间，更

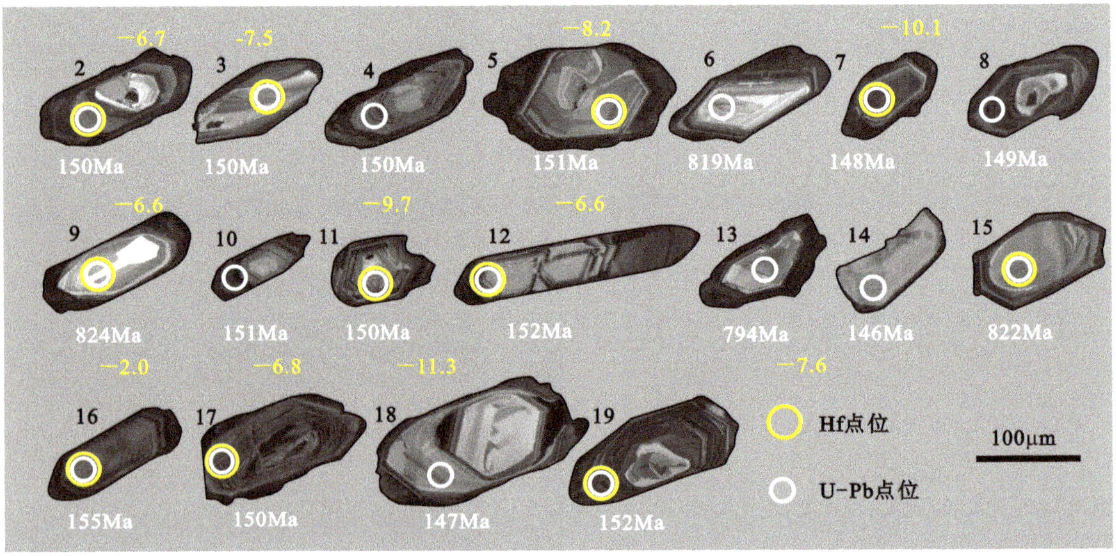

图 3-23　细粒黑云花岗闪长岩($J_3^3\gamma\delta$)锆石 CL 图像、测点年龄及 Hf 同位素(PM001-16-1G)

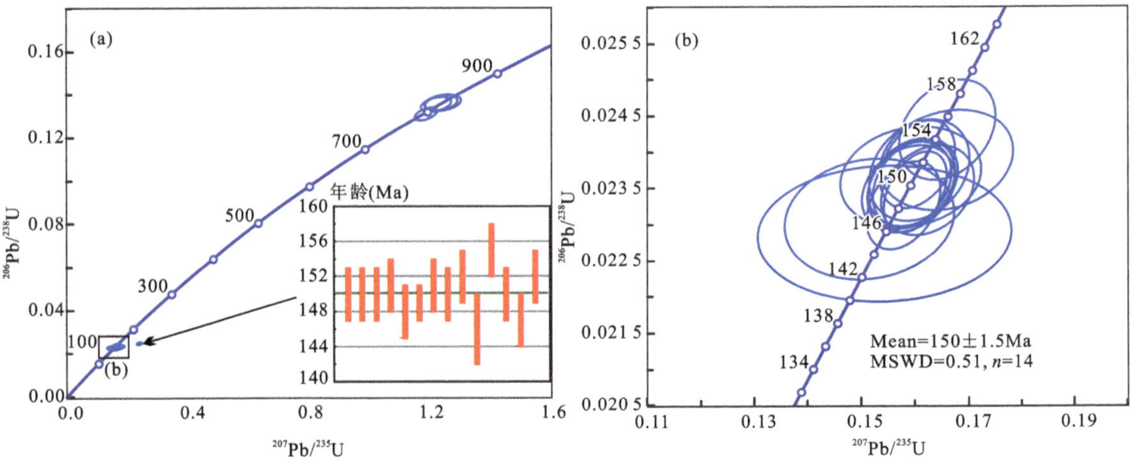

图 3-24　细粒黑云花岗闪长岩($J_3^3\gamma\delta$)锆石 U-Pb 谐和图(PM001-16-1G)

低的 MgO、TFeO、MnO、TiO_2 和 CaO 含量，分别为 0.08%～0.65%、0.20%～1.58%、0.01%～0.03%、0.02%～0.30%和 0.06%～2.86%；相对 $J_3^2\gamma\delta$，其 Na_2O 和 K_2O 含量略高，分别为 2.08%～4.47%和 2.82%～11.31%，其全碱含量在 7.29%～13.39%之间，在 SiO_2-(K_2O+Na_2O-CaO)图解上，样品主要落入钙碱性系列的区域[图 3-17(a)]。$J_3^3\gamma\delta$ 的 Al_2O_3 含量在 14.50%～16.54%之间，其铝饱和指数(A/CNK=1.03～1.10)绝大部分在 1.0～1.1 之间，属于弱过铝质的花岗岩类[图 3-17(b)]。样品的 TFeO/(TFeO+MgO)比值较低(0.71～0.75)，属于镁质花岗岩类[图 3-17(c)]。在侵入岩的 TAS 岩石分类中，

样品属于典型的亚碱性花岗岩类[图 3－17(d)]。

2. 微量元素

$J_3^3\gamma\delta$ 具有较高的 Rb[(105～762)×10^{-6}]、Ba[(42～845)×10^{-6}]和 Sr[(44～681)×10^{-6}]含量，而相对较低的 Yb[(0.22～1.00)×10^{-6}]、Y[(3.53～7.91)×10^{-6}]、Nb[(2.59～8.27)×10^{-6}]和 Ta[(0.21～0.86)×10^{-6}]含量，对应的 Sr/Y(6～150)和 La/Yb(6～95)比值变化较大。在 Y－Sr/Y 图解和 Yb_N－$(La/Yb)_N$ 图解(图 3－18)上，绝大部分样品投入埃达克岩的成分区。

整体而言，$J_3^3\gamma\delta$ 内不同样品有相似的稀土元素配分模式(图 3－19)，稀土元素总量略低，$\sum$REE 在(16～147)×10^{-6}之间。其中，LREE 含量较高[$\sum$LREE＝(12～141)×10^{-6}]，而 HREE 含量非常低[$\sum$HREE＝(3～6)×10^{-6}]。在球粒陨石标准化稀土元素配分图[图 3－19(a)]上，LREE 相对 HREE 强烈富集的右倾模式，对应的$(La/Yb)_N$＝4～68、$(Dy/Yb)_N$＝0.8～2.4；Eu/Eu^*＝0.67～1.35。在微量元素蛛网图[图 3－19(b)]上，大离子亲石元素(如 Rb、Ba、Pb、Sr)表现为正异常，其中 Pb 异常比较显著，Sr 异常比较弱；而 Nb、Ta、Ti 等高场强元素表现为明显负异常。

3. Sr－Nd－Pb 同位素

$J_3^3\gamma\delta$ 全岩 Sr－Nd－Pb 同位素组成如表 3－3 所示，同位素初始比值以锆石 U－Pb 定年结果 t＝150Ma 来计算。测试结果显示，两件样品的$(^{87}Sr/^{86}Sr)_m$ 比值分别为 0.712 69 和 0.713 22，$(^{143}Nd/^{144}Nd)_m$ 比值均为 0.512 1。对应$(^{87}Sr/^{86}Sr)_i$ 分别为 0.711 1 和 0.712 3，$\varepsilon_{Nd}(t)$均为－7.9，其 T_{DM2}＝1.58Ga。在$(^{87}Sr/^{86}Sr)_i$－$\varepsilon_{Nd}(t)$图解上(图 3－9)上，样品点接近扬子陆块下地壳同位素组成。样品的 Pb 同位素组成与晚侏罗世辉长闪长岩类似，对应的$^{206}Pb/^{204}Pb$、$^{207}Pb/^{204}Pb$ 和$^{208}Pb/^{204}Pb$ 分别为 18.244～18.440、15.66～15.76 和 38.60～38.97。

三、第三阶段：含斑黑云二长花岗岩

(一)地质特征和岩石学特征

含斑黑云二长花岗岩($J_3^4\eta\gamma$)主要分布在詹桥镇至石南镇一带，呈岩株产出，北港镇西部和西南部也有零星分布，在区内出露面积较大，总出露面积为 111km^2。中南部被大量伟晶岩脉侵入，且接触界线附近的钾长石斑晶增大变多，远离岩脉的斑晶相对较小。在左港水库附近，$J_3^4\eta\gamma$ 内可见少量暗色包体。花亭村—左港水库一带，与细粒黑云花岗闪长岩($J_3^3\gamma\delta$)呈齿状交叉接触[图 3－25(e)、图 3－25(f)]。在二房屋和胡从美屋一带与中细粒二云二长花岗岩($K_1^1\eta\gamma$)接触。岩体内岩脉较发育，主要有花岗伟晶岩脉、细粒花岗岩脉、石英脉等。岩石蚀变作用较强，主要为绿泥石化、绢云母化、白云母化、钾化、钠化、云英岩化等。

图 3-25　含斑黑云二长花岗岩($J_3^4\eta\gamma$)野外照片与镜下照片

(a)、(b)含斑黑云二长花岗岩(石南镇);(c)含斑黑云二长花岗岩中的伟晶岩细脉(石南镇);(d)含斑黑云二长花岗岩中的暗色包体(石南镇);(e)、(f)细粒黑云花岗闪长岩($J_3^3\gamma\delta$)与细中粒含斑黑云二长花岗岩($J_3^4\eta\gamma$)接触界线(和乐冲);(g)斜长石的卡纳复合双晶(正交光);(h)斜长石的环带结构(正交光)

根据斑晶含量和矿物粒度，$J_3^4\eta\gamma$ 分为 5 种岩性：细中粒含斑黑云二长花岗岩，约占 90%；另外 4 种岩性为中细粒含斑黑云二长花岗岩、中粒少斑状黑云二长花岗岩、粗中粒少斑状黑云二长花岗岩、粗中粒含斑黑云二长花岗岩。

细中粒含斑黑云二长花岗岩[图 3-25(a)～图 3-25(d)]，似斑状结构，块状构造，斑晶为钾长石，半自形，板状，内部多含有斜长石、石英和黑云母等包体，大小 1cm×1.8cm～2cm×3cm，含量 1%～5%。基质主要由斜长石、钾长石、石英、黑云母组成，还含有磁铁矿、磷灰石和锆石等副矿物。斜长石，无色，板柱状(1～4mm)，常呈浅灰色，正低突起，蚀变较碱性长石严重，多发生泥化，伴有少量绢云母化，可见聚片双晶、卡钠复合双晶、蠕英结构，含量占基质的 20%～40%。钾长石，无色，表面常呈浅褐红色，负低突起，呈宽板状，可见卡斯巴双晶，多为正长石，含量 20%～45%。石英，无色，他形粒状，表面洁净，裂纹发育，干涉色Ⅰ级黄白，含量 20%～30%。黑云母，黄褐色—深褐色，多色性明显，片状，见 1 组极完全解理，正中突起，干涉色可达Ⅲ级以上，但往往被自身颜色掩盖，偶见绿泥石化以及向白云母转变，含量 2%～10%。

中细粒含斑二云二长花岗岩，分布面积仅次于细中粒黑云二长花岗岩，主要出露于上马徐家一带，以细粒为主，似斑状结构，斑晶为钾长石，斑晶整体较小，0.6cm×1cm～1cm×1.2cm，含量 1%～4%。中粒少斑状黑云二长花岗岩，出露于剑垄冲一带，面积较小，似斑状结构，斑晶为钾长石，斑晶含量约 8%。粗中粒少斑状黑云二长花岗岩，出露于石南镇二南屋一带，面积较小，似斑状结构，斑晶含量比中粒少斑状黑云二长花岗岩稍少，6%～8%，基质为粗中粒结构。中粒含斑黑云二长花岗岩，出露于左港水库南石剑屋一带，面积较小，似斑状结构，斑晶含量 3%～5%，基质以中粒为主。

(二)锆石年代学与 Hf 同位素特征

采集 1 件 $J_3^4\eta\gamma$ 样品进行锆石同位素定年，20 颗锆石的 CL 图像显示自形程度较好，主要为长柱状，长 75～250μm，长宽比 1∶1～5∶1，具有明显的核-边结构，核部显示亮色且环带清晰，为岩浆成因，边部黑色，不具环带，为变质增生边，少数锆石具有继承核(图 3-26)。选取 3 颗锆石的继承核和 17 颗锆石岩浆环带测试。17 颗中生代锆石中，U 含量在(483～1516)$\times10^{-6}$之间，平均值 869$\times10^{-6}$；Th 含量在(149～1025)$\times10^{-6}$之间，平均值 487$\times10^{-6}$；Th/U 比值为 0.26～0.93，平均值 0.58，符合岩浆锆石特征。3 颗继承核锆石年龄分别为 862±15Ma、854±13Ma、800±13Ma(图 3-26)。其他 17 颗锆石的$^{206}Pb/^{238}U$ 加权平均年龄为 152±1.2Ma，MSWD=0.49(图 3-27)，为晚侏罗世。

在 LA-ICP-MS 锆石 U-Pb 定年的基础上，选取了 14 颗锆石进行微区原位 Hf 同位素分析，其中 2 个为继承锆石核，对应年龄为 862Ma 和 854Ma。分析结果表明：12 颗中生代锆石$^{176}Lu/^{177}Hf$ 为 0.000 37～0.000 94，平均值 0.000 70，$^{176}Hf/^{177}Hf$ 比值变化范围为 0.282 454～0.282 592，平均值 0.282 511，$\varepsilon_{Hf}(t)$值为−8.3～−3.5，平均值−6.4，对应二阶段模式年龄为 1698～1394Ma，平均为 1575Ma。两颗继承锆石核$^{176}Lu/^{177}Hf$ 分别为 0.001 16、0.001 01，$^{176}Hf/^{177}Hf$ 比值为 0.282 432、0.282 532，$\varepsilon_{Hf}(t)$值为 6.1、9.6，对应二阶段模式年龄为 1342Ma 和 1118Ma(图 3-6)。

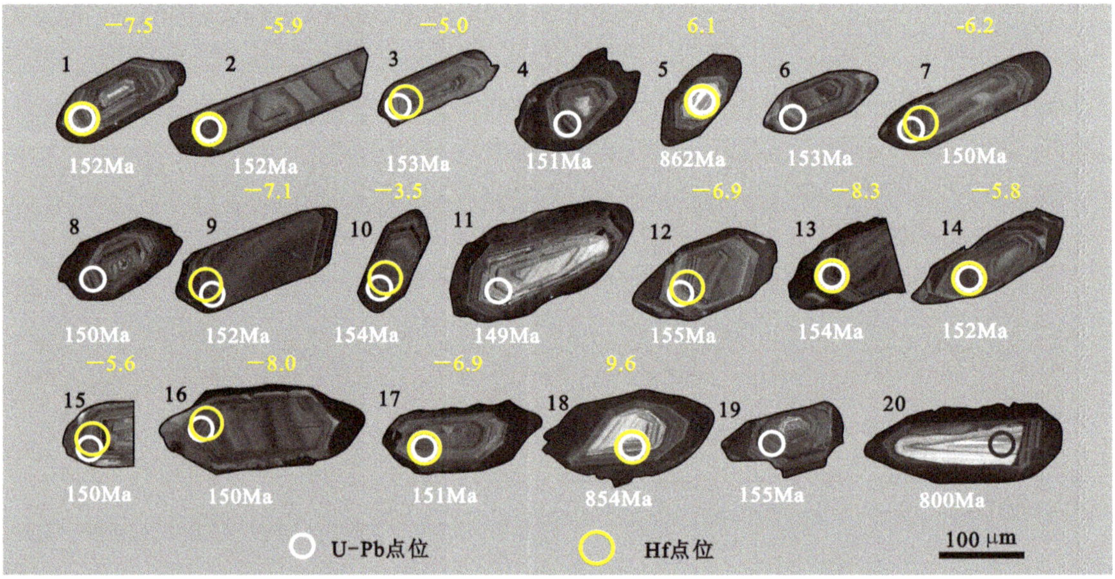

图 3-26　细中粒含斑黑云二长花岗岩($J_3^4\eta\gamma$)锆石 CL 图像、测点年龄及 Hf 同位素(D3039-1G)

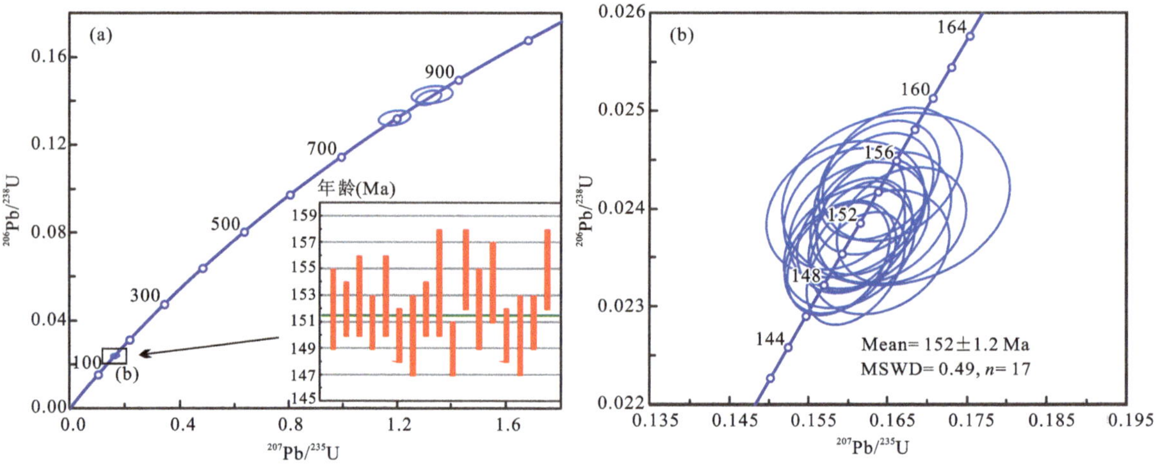

图 3-27　细中粒含斑黑云二长花岗岩($J_3^4\eta\gamma$)锆石 U-Pb 谐和图(D3039-1G)

(三)岩石地球化学特征

1. 主量元素

$J_3^4\eta\gamma$ 各种类型的二长花岗岩 SiO_2 含量变化不大，集中在 67.93%～71.23%之间；MgO、TFeO、MnO 和 TiO_2 等主量元素含量较低，分别为 0.72%～0.99%、1.53%～2.57%、0.02%～0.04%和 0.28%～0.40%；Na_2O 和 K_2O 含量分别为 3.54%～4.15%和

3.18%～4.10%，其全碱含量在7.24%～7.64%之间，在TAS图解和SiO_2-(K_2O+Na_2O−CaO)图解上，样品分别落入花岗岩和钙碱性系列区域。岩石Al_2O_3含量较高(15.03%～16.34%)，铝饱和指数(A/CNK=1.01～1.17)，绝大部分在1.0～1.1之间，属于弱过铝质花岗岩类。样品TFeO/(TFeO+MgO)比值较低(0.68～0.72)，在SiO_2-TFeO/(TFeO+MgO)图解上落入镁质成分区(图3-17)。

2. 微量元素

样品具有较高的Rb[(127～188)×10^{-6}]、Ba[(1105～1659)×10^{-6}]和Sr[(526～853)×10^{-6}]含量，相对较低的Yb[(0.37～0.78)×10^{-6}]、Y[(5.04～10.3)×10^{-6}]、Nb[(4.92～7.47)×10^{-6}]和Ta[(0.27～0.61)×10^{-6}]含量，对应的Sr/Y(68～173)和La/Yb(37～101)比值很高。在Y-Sr/Y图解和Yb_N-$(La/Yb)_N$图解上(图3-18)，样品投入埃达克岩的成分区。

该期二长花岗岩样品的稀土元素配分模式基本一致，稀土元素总量不高，在(87～193)×10^{-6}之间；其中，轻稀土元素总量为(87～136)×10^{-6}。在球粒陨石标准化稀土元素配分图[图3-19(a)]上，显示LREE相对HREE强烈富集的右倾模式，对应的$(La/Yb)_N$=27～73、$(Dy/Yb)_N$=1.6～2.2；Eu正负异常均有显示，Eu/Eu*=0.75～1.34。在微量元素的蛛网图[图3-19(b)]上，大离子亲石元素(Rb、Ba、Pb、Sr)表现为正异常，其中Pb的异常比较显著，而Nb、Ta、Ti等高场强元素相对相邻元素亏损。

3. Sr-Nd-Pb同位素

全岩Sr-Nd-Pb同位素组成如表3-3所示，同位素初始比值按照锆石结晶年龄t=151Ma来计算。结果显示，该样品的$(^{87}Sr/^{86}Sr)_m$和$(^{143}Nd/^{144}Nd)_m$分别为0.712 03和0.512 152；对应的$(^{87}Sr/^{86}Sr)_i$=0.710 51，$\varepsilon_{Nd}(t)$=−7.8，其T_{DM2}=1576Ma。样品的Pb同位素组成与晚侏罗世辉长闪长岩的类似，对应的$^{206}Pb/^{204}Pb$、$^{207}Pb/^{204}Pb$和$^{208}Pb/^{204}Pb$分别为18.285、15.72和38.86。

四、晚侏罗世花岗岩成因

(一)晚侏罗世辉长闪长岩与花岗岩的成因关系

辉长闪长岩($J_3^1\nu\delta$)在空间上与晚侏罗世花岗岩类($J_3^2\gamma\delta$、$J_3^3\gamma\delta$和$J_3^4\eta\gamma$)密切共生，其形成时代也十分接近，似乎暗示着二者之间存在成因上的联系。但是辉长闪长岩的SiO_2=48.29%～53.39%，花岗质的$J_3^2\gamma\delta$、$J_3^3\gamma\delta$和$J_3^4\eta\gamma$的SiO_2=67.93%～73.92%，二者之间具有较大的成分差异。$J_3^1\nu\delta$的Sr-Nd-Pb同位素明显不同于花岗岩(图3-9)，指示了不同的源区，不能用分离结晶模型来解释研究区晚侏罗世岩浆岩的成因关系。与偏基性的$J_3^1\nu\delta$不同，花岗岩具有高硅(>69%)、高钾(>3%)和高不相容元素(Th、Zr、Hf和REE)的特征，其MgO(<1%)、MnO(<0.05%)、TiO(<0.4%)、TFeO(<2.7%)以及相容元素(Cr、Ni和Co)含量较低，Mg$^{\#}$<48；同时具有更加富集的Sr-Nd-Pb-Hf同位素组成(图3-8)，$\varepsilon_{Hf}(t)$

值为－11.3～－3.5。这些特征表明花岗岩是地壳部分熔融形成的，不均一的 Hf 同位素组成反映岩浆可能受到了不同程度的地壳混染。

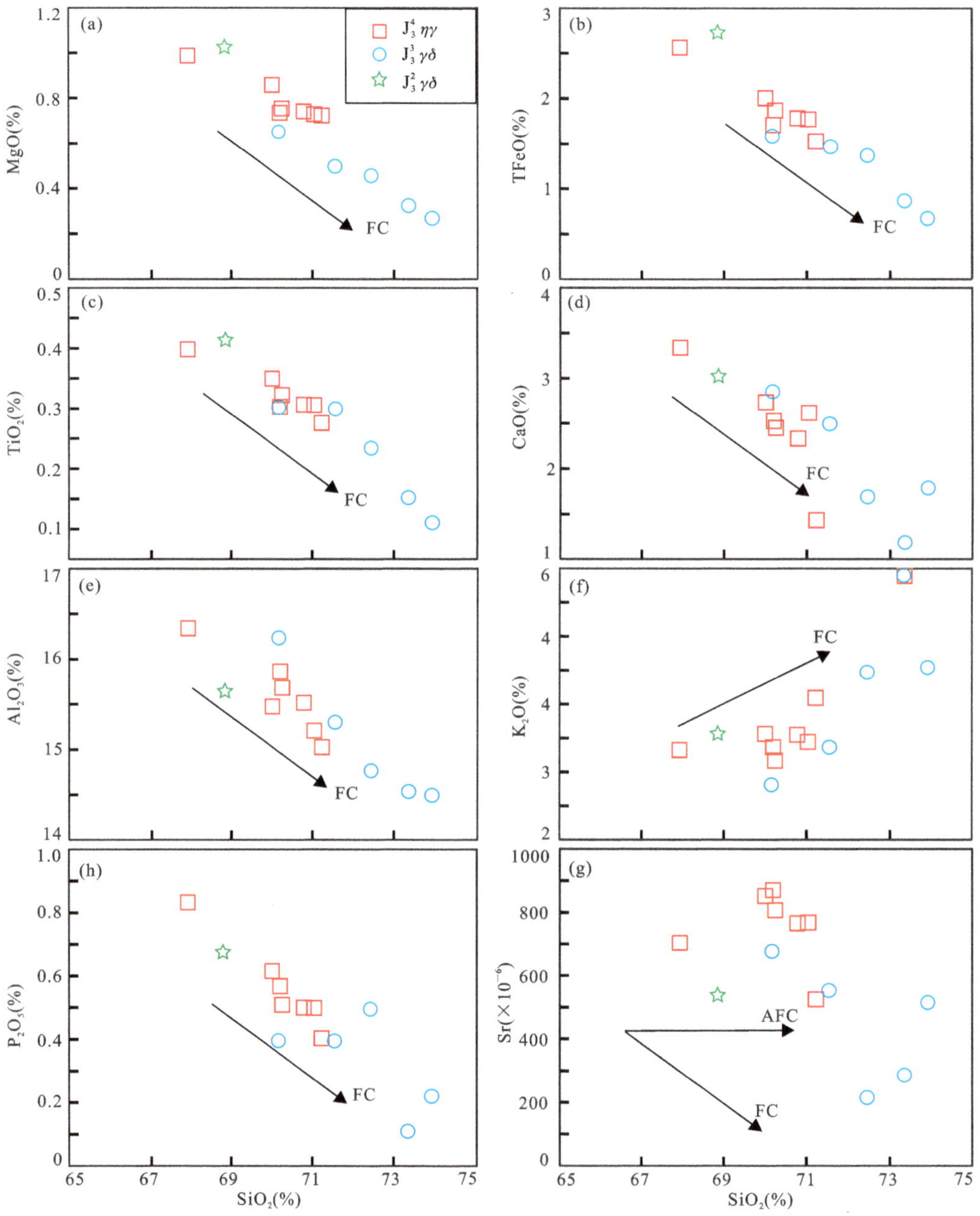

图 3－28　晚侏罗世花岗岩类 SiO_2 与主量元素、微量元素的双变量图解

(a)SiO_2－MgO 图解；(b)SiO_2－TFeO 图解；(c)SiO_2－TiO_2 图解；(d)SiO_2－CaO 图解；(e)SiO_2－Al_2O_3 图解；(f)SiO_2－K_2O 图解；(h)SiO_2－P_2O_5 图解；(g)SiO_2－Sr 图解

(二)晚侏罗世花岗岩成因分析

岩相学上，晚侏罗世花岗岩主要为黑云花岗闪长岩($J_3^2\gamma\delta$ 和 $J_3^3\gamma\delta$)和黑云二长花岗岩($J_3^4\eta\gamma$)，二者的区别是前者的斜长石含量高于钾长石，而后者的两种长石含量相当。岩石地球化学上，3 期花岗岩都属于中钾-低镁的钙碱性弱过铝质花岗岩。$J_3^4\eta\gamma$ 与 $J_3^3\gamma\delta$ 具有相似的 Sr - Nd - Pb 同位素组成(图 3 - 9)。年代学上，三者的侵位时间(153～150Ma)在误差范围内一致。以上这些特征共同表明，晚侏罗世花岗岩类共享相似的岩浆源区，而其现今的成分差异是由岩浆演化造成的。

晚侏罗世花岗质岩体的 SiO_2 与 MgO、TFeO、TiO_2、CaO、Al_2O_3、K_2O、P_2O_5 及 Sr 有很好的线性相关性(图 3 - 28)，表明 3 期岩浆的形成演化中存在分离结晶作用。稀土配分模式上大部分样品具有负 Eu 异常也支持这一认识。SiO_2 与 TiO_2、P_2O_5 负异常可能指示含钛氧化物及磷灰石的分离结晶作用。

该期花岗岩的一个共同特征是，高硅(＞68％)、高铝(绝大部分＞15％)，高 Sr(绝大部分＞300×10^{-6})，低 Y(＜10×10^{-6})、Yb(＜1×10^{-6})，以及低 HFSE(Nb＝2.59～8.70×10^{-6}和 Ta＝0.21～0.86×10^{-6})，对应具有较高的 Sr/Y(绝大部分＞30)和 La/Yb(绝大部分＞27)。以上特征表明晚侏罗世花岗岩具有与埃达克质岩石类似的地球化学特征(图 3 - 18)。故其成因也比较复杂，不仅仅限于俯冲洋壳的熔融，可能还包括增厚(或拆沉)下地壳的熔融、基性岩浆的结晶分异等；其大地构造环境不仅可以出现在火山弧环境，也可以大量出现在非弧(大陆碰撞活动造山带、造山带伸展垮塌、大陆板内伸展等)环境。

如前所述，晚侏罗世辉长闪长岩($J_3^1\nu\delta$)与花岗质岩体($J_3^2\gamma\delta$、$J_3^3\gamma\delta$ 和 $J_3^4\eta\gamma$)年龄接近，其中 $J_3^1\nu\delta$ 辉长闪长岩源自地幔的部分熔融。花岗质岩体($J_3^2\gamma\delta$、$J_3^3\gamma\delta$ 和 $J_3^4\eta\gamma$)与辉长闪长岩之间显著的同位素差异(图 3 - 9)，排除了幔源岩浆结晶分异的可能性。

俯冲洋壳部分熔融形成的埃达克岩通常由具有亏损的同位素组成，以及较高的 MgO、TFeO 含量(Defant et al.,1990)。高 Mg 通常是由于年轻的俯冲洋壳脱水熔融后的熔体上升与地幔楔发生反应所造成。然而，花岗质岩体具有富集的同位素组成(图 3 - 9)，且 MgO 含量(0.27％～1.02％)、Cr[(0.19～13)$\times10^{-6}$]和 Ni[(0.14～6.26)$\times10^{-6}$]非常低，样品在 MgO - SiO_2 图解上都落入加厚下地壳部分熔融的成分区。以上这些特征都排除俯冲洋壳熔融形成晚侏罗世花岗岩类的可能性。类似地，低的 MgO 含量和相容元素(Cr 和 Ni)含量也可以排除下地壳拆沉到地幔部分熔融的模型。

综上所述，晚侏罗世花岗岩类的埃达克质岩地球化学特征，它们可能源自相对古老下地壳基性物质在石榴子石(＋金红石)为残留相条件下发生部分熔融形成的。考虑到该区辉长闪长岩侵位年龄略早于花岗质岩体，认为前者的侵位为后者提供了热源。

第三节 早白垩世花岗岩

幕阜山西北缘早白垩世花岗岩主要出露于北港镇西部和南部、白羊田镇东部、白羊田镇—相思乡一带，面积为 343km²。根据岩性特征、野外接触关系和同位素年龄，将早白垩世花岗岩划分为 3 个填图单位 $K_1^1\eta\gamma$、$K_1^2\eta\gamma$ 和 $K_1^3\eta\gamma$。

一、第一阶段：中细粒二云二长花岗岩

（一）地质特征与岩石学特征

早白垩世中细粒二云二长花岗岩（$K_1^1\eta\gamma$）主要分布于北港镇的东南部，为小型岩株，向南延伸出区外，西北与 $J_3^3\gamma\delta$、$J_3^4\eta\gamma$、$K_1^2\eta\gamma$ 接触，区内出露面积 26km²，整体风化较强烈，少有新鲜露头。野外露头显示 $K_1^1\eta\gamma$ 插入 $J_3^4\eta\gamma$ 中，接触界线平直（图 3－29），岩性突变，为脉动型侵入接触关系，局部可见与片岩或条带状混合岩接触，接触界线弯曲不平，接触界线与片理产状协调。岩体中花岗伟晶岩脉普遍发育（图 3－30），以彭家岭和竹叶港地区产出最多，规模也最大，走向以北西向为主，少量北东向。根据岩体穿插关系［图 3－31(b)～图 3－31(d)］，$K_1^1\eta\gamma$ 晚于 $J_3^4\eta\gamma$。$K_1^1\eta\gamma$ 岩性主要为中细粒二云二长花岗岩，少量细粒和中粒二云二长花岗岩及细粒白云二长花岗岩［图 3－31(a)］。

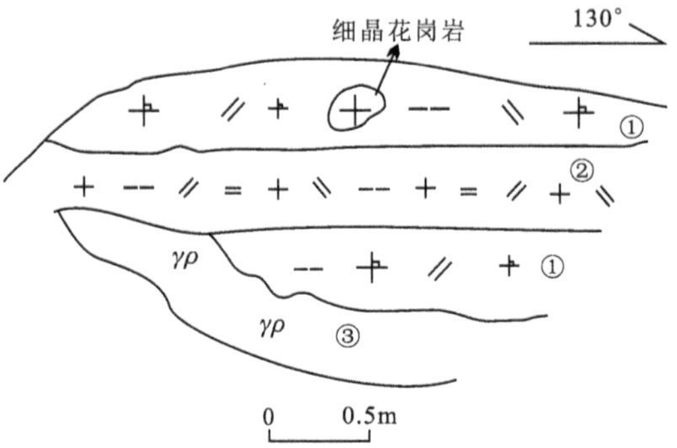

图 3－29 细粒二云二长花岗岩（$K_1^1\eta\gamma$）与细中粒含斑黑云二长花岗岩（$J_3^4\eta\gamma$）及花岗伟晶岩脉（$\gamma\rho$）接触素描图（摇窝坡）

①$J_3^4\eta\gamma$细中粒含斑黑云二长花岗岩；②$K_1^1\eta\gamma$ 细粒二云二长花岗岩；③$\gamma\rho$ 花岗伟晶岩脉

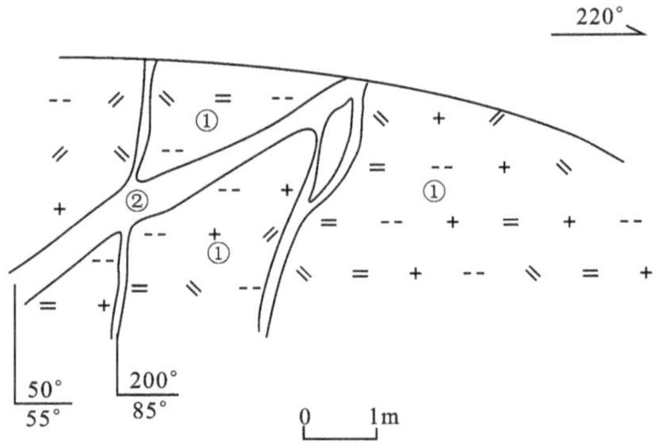

图 3－30 中细粒二云二长花岗岩（$K_1^1\eta\gamma$）中伟晶岩脉素描图（续家坳）

①$K_1^1\eta\gamma$ 中细粒二云二长花岗岩；② 伟晶岩脉

图 3-31　细粒二云二长花岗岩($K_1^1\eta\gamma$)野外照片与镜下照片

(a)细粒二云二长花岗岩(文奇屋);(b)、(c)细粒二云二长花岗岩($K_1^1\eta\gamma$)与细中粒含斑黑云二长花岗岩($J_3^4\eta\gamma$)侵入接触界线(金牛头);(d)细粒二云二长花岗岩($K_1^1\eta\gamma$)中网脉状花岗伟晶岩脉(彭家屋);(e)细粒二云二长花岗岩镜下照片(单偏光);(f)微斜长石与斜长石接触处发育蠕英结构(正交光)

中细粒二云二长花岗岩,中细粒花岗结构,块状构造,主要由斜长石、钾长石、石英、黑云母、白云母组成。斜长石,无色,板柱状(多为 1～3mm),表面多因蚀变呈浅黄褐色,正低突起，可见聚片双晶、卡钠复合双晶、蠕英结构发育，最高干涉色Ⅰ级灰白，多发生泥化，伴有少量绢云母化，含量25%～35%。钾长石，无色，表面多发生轻微蚀变，常见土红褐色析出物，负低突起，呈宽板状（约2mm），格子双晶、条纹结构等发育，最高干涉色Ⅰ级灰白，含量20%～35%。石英，无色，他形粒状，粒径变化大，小于1mm者多呈粒状充填在长石颗粒之间，较大者可达2mm以上，表面洁净，裂纹发育，最高干涉色Ⅰ级黄白，含量20%～30%。黑云母，黄褐色—深褐色，多色性明显，片状，正中突起，可见1组极完全解理，干涉色往往被自身颜色掩盖，含量5%～10%。白云母，无色或有淡粉淡绿色调，片状，闪突起明显（正低—中突起），可见1组极完全解理，具有鲜艳的Ⅱ～Ⅲ级干涉色，含量3%～8%。

细粒二云二长花岗岩[图3-31(e)]，细粒花岗结构，块状构造。主要由斜长石、钾长石、石英、黑云母和白云母组成。斜长石，无色，多呈板柱状（<2mm），表面因强烈蚀变而呈土黄色，正低突起，可见聚片双晶、卡钠复合双晶等发育，多发生泥化，伴有少量绢云母化，含量25%～35%。钾长石，无色，表面常见轻微蚀变，有土红褐色析出物，负低突起，呈宽板状（<2mm），可见格子双晶、卡斯巴双晶发育，最高干涉色Ⅰ级灰白，含量20%～35%。石英，无色，他形粒状，多小于1mm，多呈细小粒状充填在长石颗粒之间，或者被包裹在其中，表面洁净，裂纹发育，最高干涉色Ⅰ级黄白，含量15%～30%。黑云母，黄褐色—深褐色，多色性明显，片状，正中突起，可见1组极完全解理，干涉色往往被自身颜色掩盖，含量5%～10%。白云母，无色或带有淡粉淡绿色调，片状，闪突起显著（正低—中突起），可见1组极完全解理，具有鲜艳的Ⅱ～Ⅲ级干涉色，含量1%～5%。

细粒白云二长花岗岩，细粒花岗结构，块状构造。主要由斜长石、钾长石、石英和白云母组成。斜长石，无色，小板柱状（约0.5mm），表面多发生泥化呈土红褐色，因蚀变较严重，易沿着解理、裂纹发生破碎，含量20%～40%。钾长石，无色，小宽板状（≤0.5mm），表面蚀变轻微，负低突起，多发育格子双晶，最高干涉色Ⅰ级灰白，充填状分布，应为钾化成因，含量20%～30%。石英，无色，呈不规则粒状，大小不等，表面洁净，裂纹发育，正低突起，最高干涉色Ⅰ级黄白，含量20%～35%。白云母，无色或带有淡粉色、淡绿色色调，片状，闪突起显著（正低—中突起），可见1组极完全解理，具有鲜艳的Ⅱ～Ⅲ级干涉色，含量2%～8%。

（二）锆石年代学与Hf同位素特征

本次采集1件中细粒二云二长花岗岩样品进行锆石年代学测试。20颗锆石CL图像显示锆石自形程度较好，主要为长柱状和短柱状，长60～280μm，长宽比1∶1～5∶1，个别锆石折断，多数锆石显示亮色，部分锆石具有变质增生边，个别锆石具有继承核及扇叶状环带（图3-32）。选取3颗锆石的继承核和17颗锆石韵律环带边部进行测试。17颗锆石中，U含量在$(155\sim1264)\times10^{-6}$之间，平均值$419\times10^{-6}$；Th含量在$(114\sim933)\times10^{-6}$之间，平均值$459\times10^{-6}$；Th/U为0.65～2.60，平均值1.33。

20个测点的$^{206}Pb/^{238}U$年龄值如图3-32所示。其中，3颗继承核锆石点年龄分别为793±13Ma、841±13Ma、853±13Ma，可能来自岩浆源区的残留锆石；其他17颗的数据比较接近，均落在谐和线上，其加权平均年龄为144±1.7Ma（图3-33），为早白垩世。根据野外穿插关系，$K_1^1\eta\gamma$ 亦晚于 $J_3^4\eta\gamma$，也佐证了测年数据。

在锆石定年的基础上，选取 11 颗锆石进行微区原位 Hf 同位素分析，其中 2 颗为继承锆石核，对应年龄为 841Ma 和 853Ma。分析结果表明，9 颗中生代锆石颗粒 $^{176}Lu/^{177}Hf$ 为 0.000 05～0.000 66，平均值 0.000 32，$^{176}Hf/^{177}Hf$ 比值变化范围为 0.282 317～0.282 499，平均值 0.282 453，$\varepsilon_{Hf}(t)$ 值为 −13.4～−6.9，平均值 −8.5，对应二阶段模式年龄为 2007～1605Ma，平均值 1705Ma。两个继承锆石核 $^{176}Lu/^{177}Hf$ 分别为 0.003 34、0.001 67，$^{176}Hf/^{177}Hf$ 比为 0.282 405、0.282 296，$\varepsilon_{Hf}(t)$ 值为 3.5、0.8，对应二阶段模式年龄为 1491Ma 和 1667Ma。

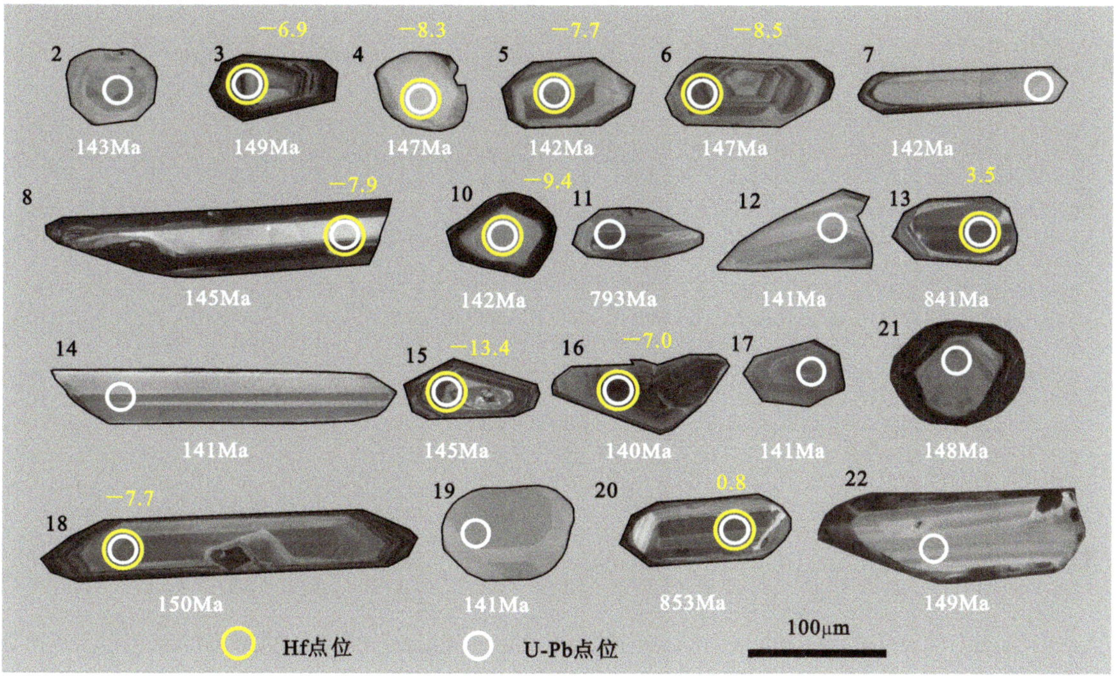

图 3-32　细粒二云二长花岗岩（$K_1^1\eta\gamma$）CL 图像、测点年龄及 Hf 同位素（PM001-1-1G）

（三）岩石地球化学特征

1. 主量元素

$K_1^1\eta\gamma$ 的 SiO_2 含量较高，为 70.91%～73.89%；MgO、TFeO、MnO、TiO_2 和 CaO 含量较低，分别为 0.11%～0.71%、0.42%～1.70%、0.01%～0.03%、0.07%～0.41% 和 0.57%～2.29%，这与 $K_1^1\eta\gamma$ 暗色矿物含量低的岩相学特征一致；全碱含量较高，K_2O、Na_2O 和 K_2O+Na_2O 的含量分别为 2.99%～6.26%、2.46%～4.09% 和 7.08%～8.74%；在 $SiO_2-(K_2O+Na_2O-CaO)$ 图解上，样品主要落入钙碱性系列和碱钙性系列等区域[图 3-17(a)]。Al_2O_3 含量较高，在 14.94%～15.55% 之间，其铝饱和指数（A/CNK＝

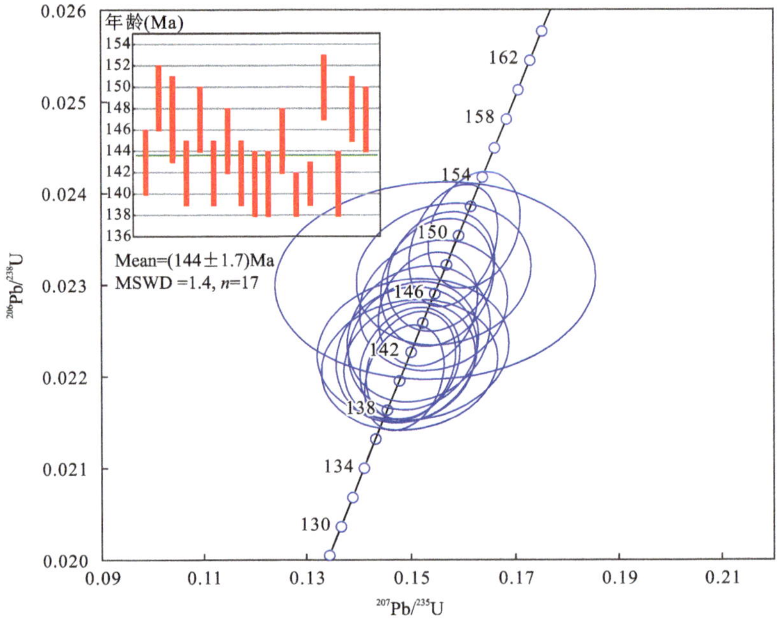

图 3-33　细粒二云二长花岗岩($K_1^1\eta\gamma$)锆石 U-Pb 谐和图(PM001-1-1H)

1.08～1.26)绝大部分大于 1.1,属于强过铝质的花岗岩类[图 3-17(b)]。样品的 TFeO/(TFeO+MgO)比值较低(0.71～0.82),在 SiO_2 - TFeO/(TFeO+MgO)图解上落入镁质成分区[图 3-17(c)]。在侵入岩的 TAS 岩石分类中,样品属于典型的亚碱性花岗岩类[图 3-17(d)]。

2. 微量元素

样品稀土元素总含量变化于$(21～266)\times10^{-6}$之间,其中,∑LREE含量明显高于∑HREE,对应的∑LREE=$(20～262)\times10^{-6}$及∑HREE=$(1～10)\times10^{-6}$。在球粒陨石标准化稀土元素配分图上,样品具有典型的右倾稀土配分模式[图 3-34(a)],$(La/Yb)_N$ 变化较大(6～165),而$(Dy/Yb)_N$ 变化不大(1.4～1.8),Eu 异常变化较大,Eu/Eu^* = 0.65～1.22。

$K_1^1\eta\gamma$ 样品 Sr 含量中等到较高[$(109～634)\times10^{-6}$],Y[$(1.69～10.4)\times10^{-6}$]和 Yb[$(0.22～1.00)\times10^{-6}$]含量较低,对应的 Sr/Y 和 La/Yb 分别为 14～143 和 8～230。高场强元素(Zr、Nb、Ce、Y)含量较低,对应的 Zr+Nb+Ce+Y[$(40～370)\times10^{-6}$]绝大部分小于 350×10^{-6}。在微量元素的蛛网图上[图 3-34(b)],一些大离子亲石元素(如 Rb、Pb、Sr)及 Th、U 表现为正异常,其中 Pb 正异常比较显著;而 Nb、Ta、Ti 等高场强元素相对相邻元素表现为负异常,还可见弱的 Zr 负异常。

3. Sr-Nd-Pb 同位素

1 件 $K_1^1\eta\gamma$ 样品用于全岩 Sr-Nd-Pb 同位素分析(表 3-3)。同位素初始比值以锆石 U-Pb定年结果 t = 144Ma 来计算。该样品的$(^{87}Sr/^{86}Sr)_m$ 和$(^{143}Nd/^{144}Nd)_m$ 分别为

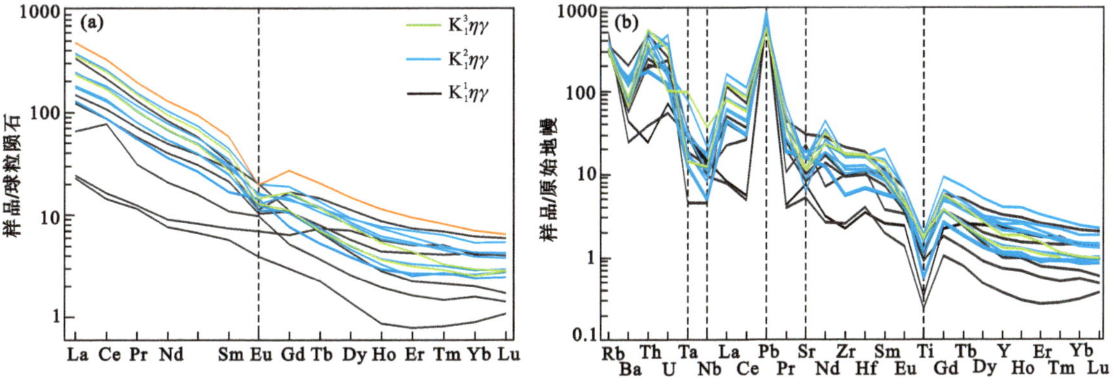

图 3－34　早白垩世花岗岩球粒陨石标准化稀土元素配分图(a)和原始地幔标准化微量元素蛛网图(b)

0.728 24和 0.512 152,对应($^{87}Sr/^{86}Sr)_i$ 和 $\varepsilon_{Nd}(t)$分别为 0.718 2 和－8.8,其 T_{DM2}＝1652Ma。在($^{87}Sr/^{86}Sr)_i$－$\varepsilon_{Nd}(t)$图解上[图 3－9(a)],样品点接近扬子陆块下地壳同位素组成。样品的 Pb 同位素组成与晚侏罗世花岗岩类似,对应的$^{206}Pb/^{204}Pb$、$^{207}Pb/^{204}Pb$ 和$^{208}Pb/^{204}Pb$ 分别为 18.419、15.73 和 38.79。

二、第二阶段:含斑二云二长花岗岩

(一)地质特征和岩石学特征

含斑二云二长花岗岩($K_1^2\eta\gamma$)在区内分布广泛,主要分布于白羊田镇—詹桥镇一带,基本连成一个圆形,出露面积 281km²。西南侧、西北侧被白羊田断裂和断山洞断裂所限,东侧多与混合岩和二云石英片岩接触,仅东南角与 $K_1^1\eta\gamma$ 接触。$K_1^2\eta\gamma$ 内部常见条带状混合岩(图 3－35)、二云石英片岩及残留体和残影体,后两者为捕获围岩不完全熔融的产物(图 3－36)。混合岩和二云石英片岩的片理多与接触界线走向一致,少数斜交[图 3－36(b)、图 3－37]。$K_1^2\eta\gamma$ 广泛发育花岗伟晶岩脉,尤其是与混合岩(K_1mi)和二云石英片岩(QbL^{sch})的接触部位,花岗伟晶岩脉数量多,且规模较大。$K_1^3\eta\gamma$ 侵入 $K_1^2\eta\gamma$(图 3－38),呈椭球形,大小不等,两者之间的接触界线较平直,界线处常发育黑云母暗化边。

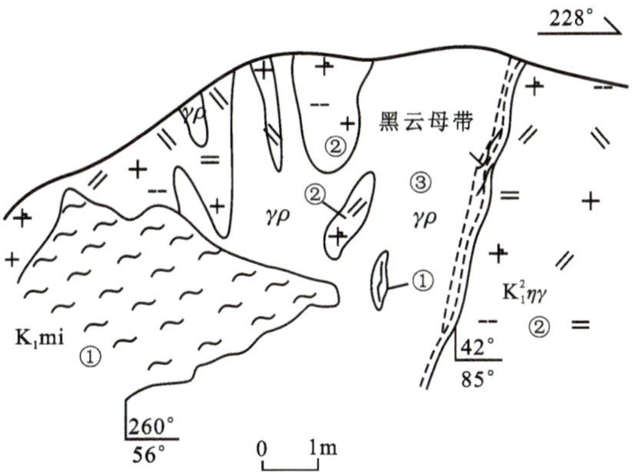

图 3－35　混合岩(K_1mi)与细中粒含斑二云二长花岗岩($K_1^2\eta\gamma$)及花岗伟晶岩脉($\gamma\rho$)接触关系素描图(团湾陆家)

①条带状混合岩;②细中粒含斑二云二长花岗岩;③花岗伟晶岩脉($\gamma\rho$)

图 3－36　含斑二云二长花岗岩（$K_1^2\eta\gamma$）野外照片和镜下照片

(a)细中粒含斑二云二长花岗岩及片岩捕虏体(黎家屋)；(b)细中粒含斑二云二长花岗岩与条带状混合岩界线(黎家屋)；(c)中细粒含斑二云二长花岗岩与花岗伟晶岩脉界线(黄金村)；(d)细中粒含斑二云二长花岗岩(叠家山)；(e)细中粒含斑二云二长花岗岩中斑晶(杨家)；(f)细中粒含斑二云二长花岗岩中残留体(肖山)；(g)细中粒含斑二云二长花岗岩镜下照片(单偏光，碱性长石表面有淡褐色析出物)；(h)细中粒含斑二云二长花岗岩镜下照片(正交偏光，碱性长石发育卡式双晶、条纹结构；斜长石发育聚片双晶、卡钠复合双晶)

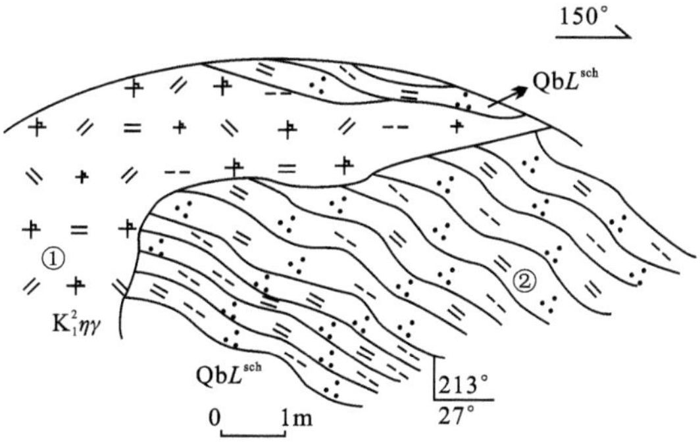

图 3-37 $K_1^2\eta\gamma$ 与 QbL^{sch} 侵入接触素描图(泗水村)

①细中粒含斑二云二长花岗岩;②二云石英片岩

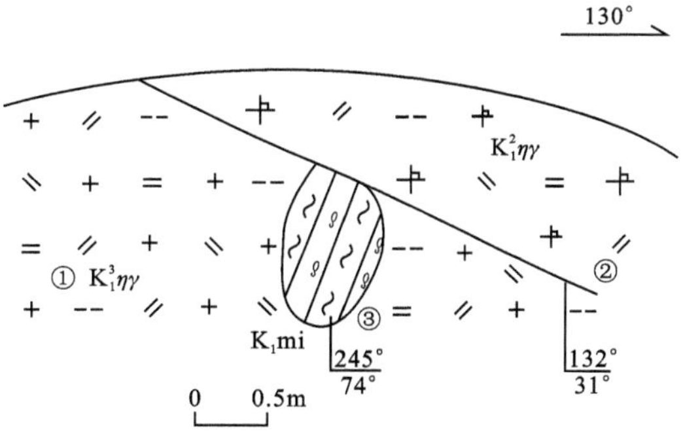

图 3-38 $K_1^2\eta\gamma$ 与 $K_1^3\eta\gamma$ 脉动型侵入接触素描图(方家山)

①(中)细粒二云二长花岗岩;②细中粒含斑二云二长花岗岩;③条带状混合岩

根据矿物粒度和类型,可以将 $K_1^2\eta\gamma$ 划分出 4 种岩性,即细中粒含斑二云二长花岗岩、中粒含斑二云二长花岗岩、粗中粒含斑二云二长花岗岩、中粒含斑白云二长花岗岩。其中,细中粒含斑二云二长花岗岩出露面积最大,占 $K_1^2\eta\gamma$ 出露面积的 90%以上;其余 3 种分布于细中粒含斑二云二长花岗岩中,并与它为涌动型接触关系。

细中粒含斑二云二长花岗岩[图 3-36(d)、图 3-36(e)],多中等或强烈风化,少部分有新鲜露头出露,似斑状结构,块状构造。斑晶为钾长石,自形板柱状,大小以 0.6cm×0.8cm~1.2cm×1.5cm 居多,含量较少,多为 1%~2%。基质为细中粒结构,主要由钾长石、斜长石、石英、黑云母、白云母组成。钾长石,无色,表面多有淡褐色析出物[图 3-36(g)],宽板状(1~4mm),负低突起,发育卡式双晶、格子双晶[图 3-36(h)],常见条纹结构,偶见内部分布有板条状斜长石、云母等,含量 25%~45%。斜长石,无色,表面多因蚀变呈深灰色,板柱状(1~4mm),正低突起,可见聚片双晶发育[图 3-36(h)],具有Ⅰ级灰白干涉色,表面易发生绢云母化、泥化,含量 25%~35%。石英,无色,多表面洁净,呈不规则粒状,局部表面裂纹发育和拉长定向,正低突起,具有Ⅰ级黄白干涉色,含量 20%~35%。黑云母,多为浅黄色—黄褐色片状,多色性明显,具有Ⅲ~Ⅳ级干涉色或被自身颜色掩盖,含量 4%~10%。白云母,无色,片状,多为黑云母退色转变而来,干涉色较黑云母鲜艳,含量 2%~5%。

中粒含斑二云二长花岗岩,仅出露于徐家冲一带,似斑状结构,块状构造。斑晶为钾长石,自形板柱状,大小 0.6cm×0.8cm~0.9cm×1.3cm,含量 1%~3%。基质为中粒结构,主要由钾长石、斜长石、石英、白云母、黑云母组成。钾长石,浅肉红色,半自形—他形,粒径 2~5mm,含量 25%~40%;斜长石,灰白色,半自形—他形,粒径 2~4.5mm,含量 25%~35%;石英,无色,他形粒状,粒径 2~6mm,含量 20%~35%;白云母,白色片状,片径 1~2mm,含量 2%~5%;黑云母,黑色片状,片径 0.2~1.5mm,含量 5%~10%。

中粒含斑白云二长花岗岩,仅出露于北港镇幅井上园一带,似斑状结构,块状构造。斑晶为钾长石,浅肉红色,多为半自形长板柱状,少数自形,斑晶大小 6mm×10mm~8mm×12mm,含量少于 1%。基质为中粒结构,成分主要为钾长石、斜长石、石英、白云母。钾长石，浅肉红色，半自形板柱状，大小2～5mm，含量25%～40%；斜长石，白色，半自形—他形，大小2～4mm，含量25%～35%；石英，无色透明，油脂光泽，他形粒状，粒径大小2～3mm，含量20%～30%；白云母，白色，片状，片径大小2～4mm，含量3%～8%。

中粗粒含斑二云二长花岗岩，主要出露于甘田乡兰家里一带，受白羊田断裂影响，岩石整体发生蚀变，似斑状结构，块状构造。斑晶为钾长石，半自形—自形板柱状，大小0.7cm×1cm～1.1cm×1.2cm，含量2%～4%。基质为粗中粒结构，由钾长石、斜长石、石英、黑云母、白云母组成，钾长石呈浅肉红色，半自形—他形，粒径2～6mm，含量25%～40%；斜长石呈浅灰色，半自形—他形，粒径2～7mm，含量25%～35%；石英，他形粒状，粒径1～5mm，含量20%～30%；黑云母，片状，片径0.1～0.5mm，含量4%～10%；白云母，片状，片径0.5～2mm，含量1%～2%。

(二)锆石年代学与Hf同位素特征

本次采集了1件出露面积较大的细中粒含斑二云二长花岗岩新鲜样品进行年代学测试。19颗锆石的CL图像显示自形程度较好，主要为长柱状，少数为短柱状或椭圆状，长80～330μm，少部分锆石折断。锆石普遍具有核-边结构，核部多发育岩浆韵律环带，显示为岩浆成因，边部黑色，为变质增生边，增生边的宽度不等(图3-39)。有9颗变质增生边的U、Th含量过高，导致测试年龄不可靠。另外10颗锆石核部的U含量在(158～1590)×10^{-6}之间，平均值514×10^{-6}；Th含量在(124～1104)×10^{-6}之间，平均值399×10^{-6}；Th/U为0.09～2.68，平均值1.01，指示岩浆成因，其加权平均年龄为135±1.4Ma，为早白垩世(图3-40)。

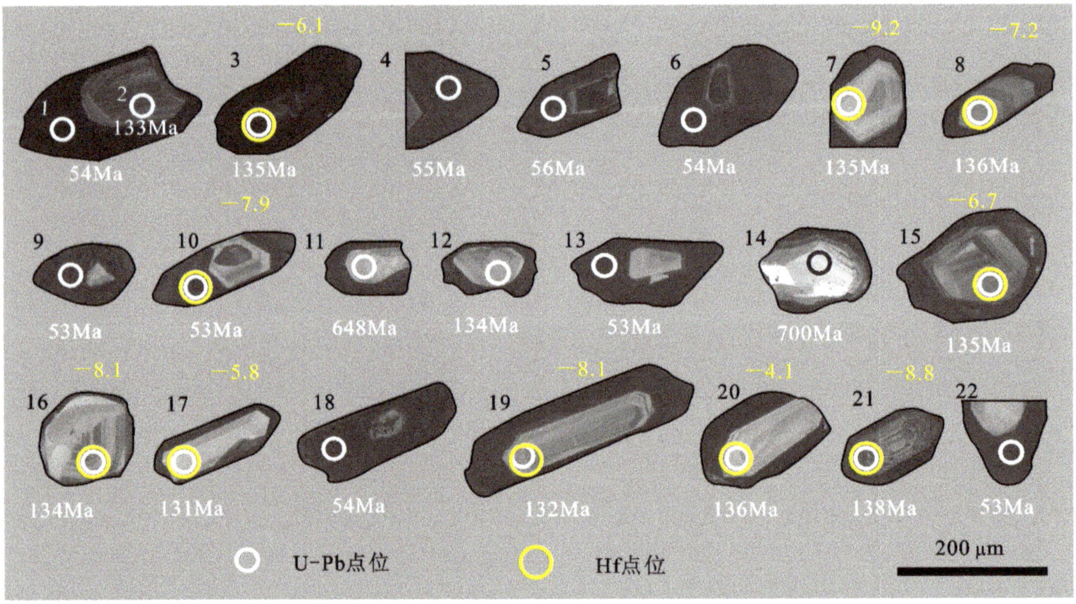

图3-39　细中粒含斑二云二长花岗岩($K_1^2\eta\gamma$)CL图像、测点年龄及Hf同位素(PM004-23-2G)

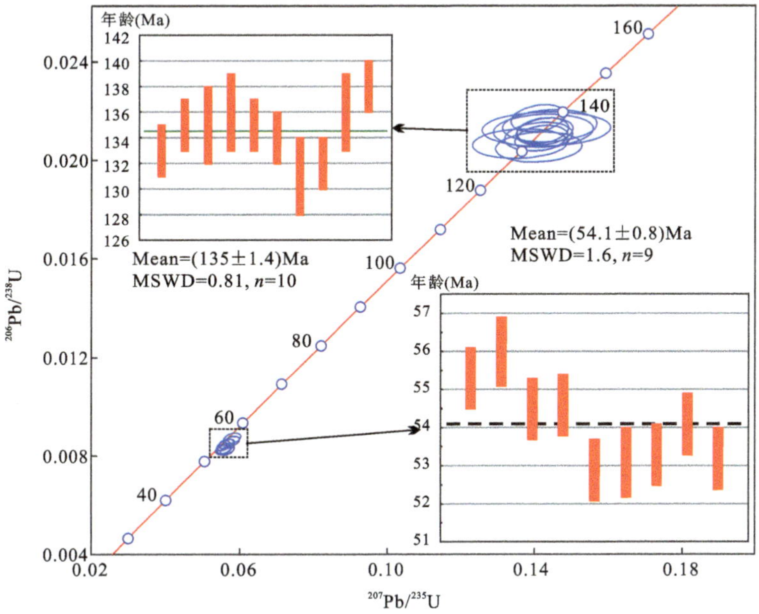

图 3-40　细中粒含斑二云二长花岗岩锆石 U-Pb 谐和图(PM004-23-2G)

在 LA-ICP-MS 锆石 U-Pb 定年的基础上，选取了 9 颗中生代锆石进行微区原位 Hf 同位素分析。9 颗中生代锆石颗粒 $^{176}Lu/^{177}Hf$ 为 0.000 04～0.000 68，平均值 0.000 34，$^{176}Hf/^{177}Hf$ 变化范围为 0.282 441～0.282 585，平均值 0.282 500，$\varepsilon_{Hf}(t)$ 值为 -9.2～-4.1，平均值 -7.1，对应二阶段模式年龄为 1737～1418Ma，平均值 1608Ma。

(三)岩石地球化学特征

1. 主量元素

8 件 $K_1^2\eta\gamma$ 样品的主量元素含量变化较稳定，SiO_2 = 70.00% ～ 74.10%，MgO = 0.29%～0.91%、TFeO = 0.74% ～ 2.63%、MnO = 0.02% ～ 0.06%、TiO_2 = 0.12% ～ 0.41%、CaO=1.52%～2.14%、Al_2O_3 =13.77%～15.18%、Na_2O=3.00%～3.52%、K_2O= 4.17%～5.01%。全碱含量 Na_2O + K_2O = 7.40% ～ 8.40%。在 SiO_2 -(K_2O + Na_2O - CaO)图解上，样品落入钙碱性系列的成分区[图 3-17(a)]。铝饱和指数集中在 1.00～1.14 之间，属于弱过铝质的 I 型花岗岩类[图 3-17(b)]。样品的 TFeO/(TFeO+MgO)较低(0.72～0.79)，在 SiO_2 - TFeO/(TFeO+MgO)图解上，样品均落入镁质成分区[图 3-17(c)]。在 TAS 分类中，该期岩浆岩落入亚碱性的花岗岩区[图 3-17(d)]。

2. 微量元素

8 件样品具有相对较高的 Ba[(473～937)×10^{-6}]、Th[(15～46)×10^{-6}]和 U[(3.1～9.9)×10^{-6}]含量，其 Sr 的含量中等到较低[(129～383)×10^{-6}]。另外，一些高场强元素

Y[(4.91～18.4)×10^{-6}]和 Yb[(0.41～1.19)×10^{-6}]的变化范围较大，对应的 Sr/Y 和 La/Yb 分别为 12～67，63～121。Zr、Nb、Ce、Y 等含量也较低[Zr+Nb+Ce+Y=(126～421)×10^{-6}]。在原始地幔标准化的微量元素蛛网图上[图 3-34(b)]，$K_1^2\eta\gamma$ 岩石相对亏损 Ba、Nb-Ta和 Ti，而富集 Th、U 和 Pb。

样品稀土元素的总量变化不大，∑REE=(112～411)×10^{-6}，其中 LREE 含量明显高于 HREE，对应的∑LREE 和∑HREE 分别为(108～397)×10^{-6}、(4～14)×10^{-6}。在标准化稀土元素配分图上，显示 LREE 富集的右倾配分模式[图 3-34(a)]，其中$(La/Yb)_N$=45～86、$(Dy/Yb)_N$=1.5～2.2。除个别样品，Eu 在稀土元素配分模式图上显示弱的负异常，其 Eu/Eu^*=0.46～1.17。

3. Sr-Nd-Pb 同位素

来自 $K_1^2\eta\gamma$ 的两件样品用于全岩 Sr-Nd-Pb 同位素分析，按照锆石 U-Pb 定年结果 t=135Ma 计算的初始同位素比值(表 3-3)。测试结果显示，$(^{87}Sr/^{86}Sr)_m$ 和$(^{143}Nd/^{144}Nd)_m$ 变化范围不大，分别为 0.716 73～0.718 91 和 0.512 048～0.512 075，对应的$(^{87}Sr/^{86}Sr)_i$=0.713 37～0.713 70，$\varepsilon_{Nd}(t)$=－9.7～－9.1。Pb 同位素组成也比较均一，对应的$^{206}Pb/^{204}Pb$、$^{207}Pb/^{204}Pb$ 和$^{208}Pb/^{204}Pb$ 比值也较为稳定，与 $K_1^1\eta\gamma$ 基本一致，分别为 18.234～18.468、15.73～15.71 和 39.00～39.01(图 3-8)。

三、第三阶段：(中)细粒二云二长花岗岩

(一)地质和岩石学特征

(中)细粒二云二长花岗岩($K_1^3\eta\gamma$)零星分布于 $K_1^2\eta\gamma$ 中，多呈圆形、椭圆形或长条状，出露面积 36km^2。根据野外侵入接触关系(图 3-41)，$K_1^3\eta\gamma$ 晚于 $K_1^2\eta\gamma$，两者为脉动型侵入接触关系[图 3-42、图 3-43(a)]。岩体中发育较少伟晶岩脉。部分边界与混合岩接触，为侵入接触关系，界线平直，混合岩片理多与侵入界线一致(图 3-44)。根据粒径大小，$K_1^3\eta\gamma$ 包含两种岩性，即细粒二云二长花岗岩和中细粒二云二长花岗岩，两者之间为涌动型侵入接触关系(图 3-45)。

细粒二云二长花岗岩，分布广泛，弱—中等风化，部分强风化，新鲜面青灰色，风化面土黄色或灰白色，细粒花岗结构，块状构造，成分主要由钾长石、斜长石、石英、黑云母和白云母组成(图 3-43)。钾长石，无色，表面多有淡褐色析出物，宽板状(小于 2mm)，负低突起，发育卡式双晶、格子双晶，常见条纹结构，粒径 0.8～1mm，含量 30%～35%。斜长石，无色，表面多因泥化呈灰黑色，板柱状(1～3mm)，正低突起，聚片双晶、卡纳复合双晶发育，具有Ⅰ级灰白干涉色，含量 25%～35%。石英，无色，表面洁净，呈不规则粒状，表面裂纹发育，正低突起，具有Ⅰ级黄白干涉色，粒径 1～2mm，含量 20%～30%。黑云母，多为浅黄色—黄褐色片状，多色性明显，具有Ⅲ～Ⅳ级干涉色或被自身颜色掩盖，片径 1～1.5mm，含量 3%～10%。白云母，白色，鳞片—片状，片径 1～1.5mm，含量 1%～3%。

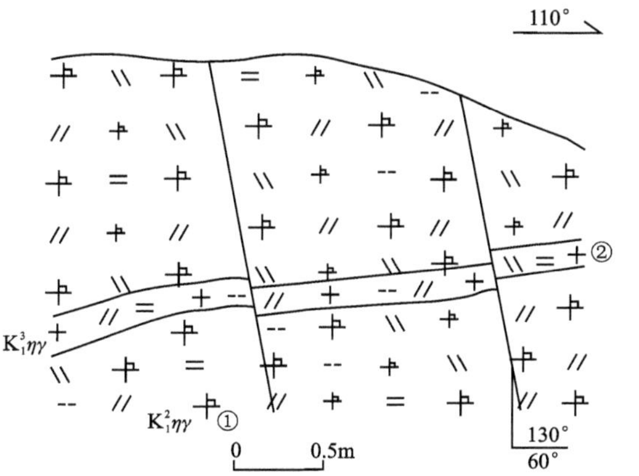

图 3-41　$K_1^3\eta\gamma$ 侵入 $K_1^2\eta\gamma$ 及小型错断素描图(云山乡)

①$K_1^2\eta\gamma$ 细中粒含斑二云二长花岗岩；②$K_1^3\eta\gamma$(中)细粒二云二长花岗岩

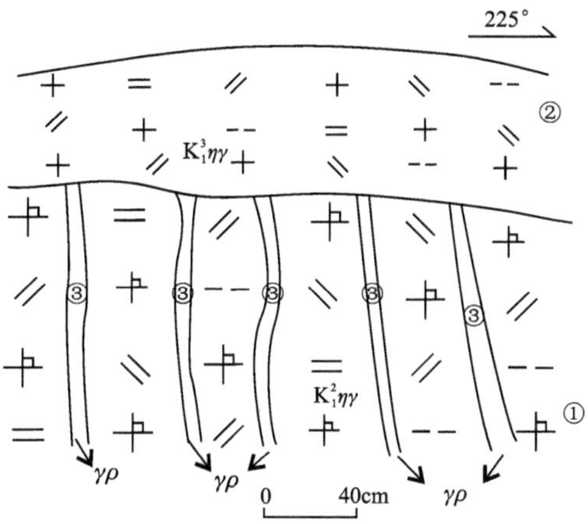

图 3-42　$K_1^2\eta\gamma$ 与 $K_1^3\eta\gamma$ 接触界线素描图(官冲)

①细中粒含斑二云二长花岗岩($K_1^2\eta\gamma$)；②(中)细粒二云二长花岗岩($K_1^3\eta\gamma$)；③伟晶岩脉($\gamma\rho$)

(中)细粒二云二长花岗岩，分布于云山乡联合村一带，中细粒结构，块状构造，主要由钾长石、斜长石、石英、黑云母、白云母组成。钾长石呈浅肉红色，半自形—他形，粒径 0.5～3.5mm，含量 25%～40%；斜长石呈灰白色，半自形—他形，粒径 0.5～3.5mm，含量 25%～35%；石英，他形粒状，粒径 1～3mm，含量 20%～30%；黑云母呈黑色，片状，片径 0.2～4mm，以 2～4mm 的居多，含量 4%～8%；白云母呈白色，片状，片径 0.5～2mm，个别达 4mm，含量约 2%～7%。

(二)锆石年代学及 Hf 同位素特征

采集 1 件细粒二云二长花岗岩样品进行锆石 U-Pb 测试。18 颗锆石的 CL 图像显示呈半自形—自形，主要为长柱状，少数为短柱状或椭圆状，长 80～200μm，锆石普遍具有核-边结构，核部为浅白色，发育岩浆韵律环带结构，6 号锆石核部还包含继承核。边部为黑色，为变质边，宽度不等(图 3-46)。锆石点位基本选取在锆石韵律环带外侧。18 颗锆石中 U 含量变化较大，在$(68～1354)\times10^{-6}$之间，平均值 335×10^{-6}；Th 含量变化不大，在$(91～380)\times10^{-6}$之间，平均值 191×10^{-6}；Th/U 为 0.07～1.67，平均值 1.10，加权平均年龄为 130±1.3Ma(图 3-47)，为早白垩世。

在 LA-ICP-MS 锆石 U-Pb 定年的基础上，选取 12 颗中生代锆石进行微区原位 Hf 同位素分析。分析结果显示，$^{176}Lu/^{177}Hf$ 为 0.000 31～0.000 91，平均值 0.000 69，$^{176}Hf/^{177}Hf$变化范围为 0.282 512～0.282 612，平均值 0.282 554，$\varepsilon_{Hf}(t)$ 值为 −6.8～−3.3，平均值 −5.3，对应二阶段模式年龄为 1559～1364Ma，平均值 1492Ma。

图 3-43　细粒二云二长花岗岩($K_1^3\eta\gamma$)野外照片与镜下照片

(a)(中)细粒二云二长花岗岩手标本照片(大云山林场);(b)细粒二云二长花岗岩($K_1^3\eta\gamma$)与细粒含斑二云二长花岗岩($K_1^2\eta\gamma$)接触界线(羊楼洞水库);(c)中细粒二云二长花岗岩($K_1^3\eta\gamma$)与条带状混合岩(K_1mi)接触界线(高家条);(d)细粒二云二长花岗岩中残影体(梨树坳);(e)细粒二云二长花岗岩(正交偏光);(f)细粒二云二长花岗岩中白云母交代黑云母(单偏光)

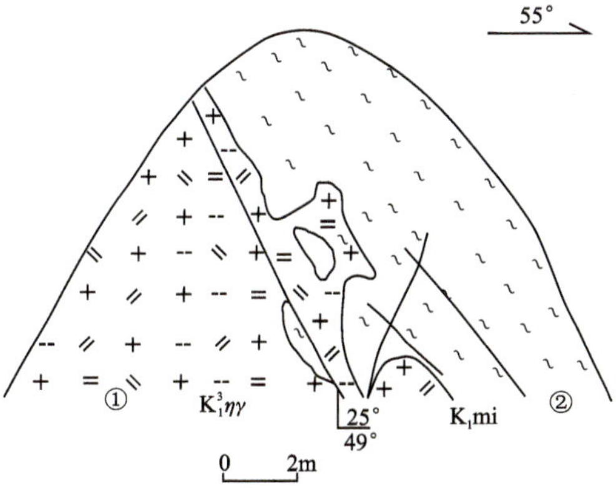

图 3-44　$K_1^3\eta\gamma$ 与 K_1mi 的接触界线素描图

①$K_1^3\eta\gamma$ 细粒二云二长花岗岩；②K_1mi 混合岩

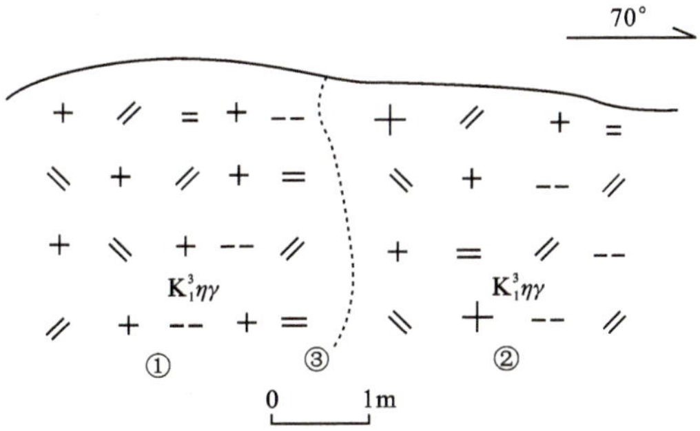

图 3-45　细粒二云二长花岗岩与中细粒二云二长花岗岩涌动型侵入接触素描图(柏树坡)

①细粒二云二长花岗岩；②中细粒二云二长花岗岩；③涌动型侵入界线

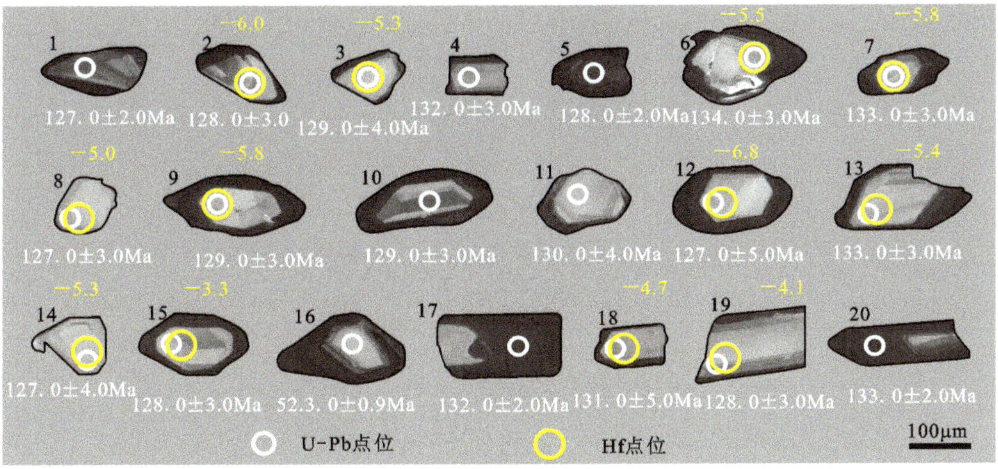

图 3-46　(中)细粒二云二长花岗岩($K_1^3\eta\gamma$)CL 图像、测点年龄及 Hf 同位素(PM004-23-3G)

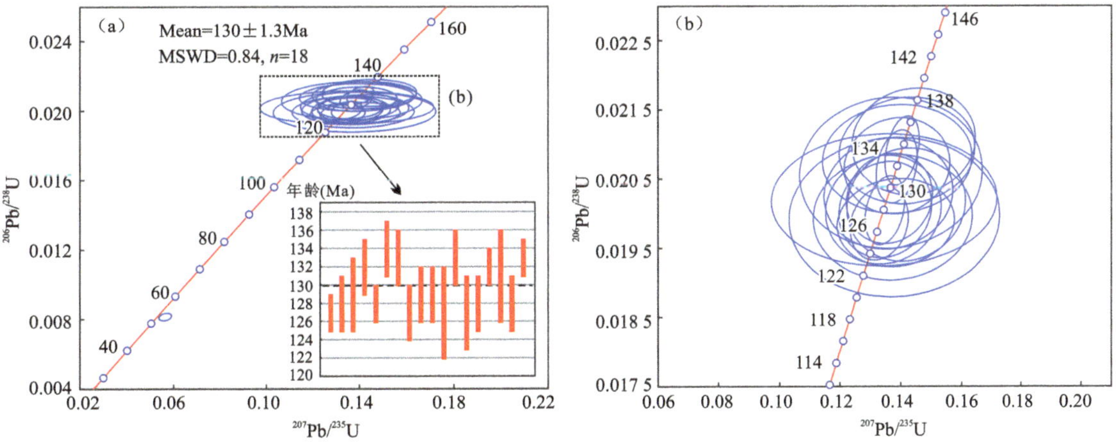

图 3-47　(中)细粒二云二长花岗岩锆石 U-Pb 谐和图(PM004-23-3G)

(三)岩石地球化学特征

1. 主量元素

2 件 $K_1^3\eta\gamma$ 样品的 SiO_2 含量稳定,为 71.37%~71.59%,样品具有较低的 TiO_2(0.36%~0.39%)、TFeO(1.82%~2.05%)、MnO(0.04%)、MgO_2(0.60%~0.66%)。Na_2O、K_2O 的含量分别为 3.53%~3.63%、3.62%~3.67%,其全碱含量为 7.20%~7.25%。在SiO_2-(K_2O+Na_2O-CaO)图解上,样品落入钙碱性系列区[图 3-17(a)]。样品的 Al_2O_3 含量为 14.96~15.00,其铝饱和指数 A/CNK=1.08~1.11,为弱过铝质的花岗岩[图 3-17(b)]。样品的 TFeO/(TFeO+MgO)比值较低(0.75~0.76),在 SiO_2-TFeO/(TFeO+MgO)图解上落入镁质成分区[图 3-17(c)]。在硅碱图上,样品落入花岗岩区域[图 3-17(d)]。

2. 微量元素

样品的高场强元素 Zr、Nb、Ce、Y 较低,Zr+Nb+Ce+Y=(207~306)$\times10^{-6}$。Sr 含量[(231~247)$\times10^{-6}$]中等,Y[(6.0~8.5)$\times10^{-6}$]和 Yb[(0.43~0.50)$\times10^{-6}$]含量较低,对应的 Sr/Y(29~39)和 La/Yb(91~119)比值较高,因此在识别埃达克岩的图解(图 3-18)上,样品都落入典型的埃达克岩的成分区。在微量元素的蛛网图上,二长花岗岩相对亏损 Ba、Ta-Nb、Sr 和 Ti 等,相对富集 Th、U 和 Pb 等[图 3-34(b)]。

样品的稀土元素含量相似,∑REE=(207~306)$\times10^{-6}$、∑LREE=(202~298)$\times10^{-6}$、∑HREE=(5~7)$\times10^{-6}$。在稀土元素标准化的配分图[图 3-34(a)]上,显示出 LREE 相对 HREE 富集的右倾模式,其$(La/Yb)_N$ 比值较高为 91~119,而$(Dy/Yb)_N$ 比值为2.0~2.6,具有显著的负 Eu 异常,Eu/Eu^*=0.51~0.67。

3. Sr-Nd-Pb 同位素

1 件 $K_1^3\eta\gamma$ 岩石样品用于全岩 Sr-Nd-Pb 同位素分析,按照锆石 U-Pb 定年结果 t=130Ma 来计算初始同位素比值(表 3-3)。测试结果显示,$(^{87}Sr/^{86}Sr)_m$和$(^{143}Nd/^{144}Nd)_m$分别为 0.718 11 和 0.512 078,对应的$(^{87}Sr/^{86}Sr)_i$=0.713 35,$\varepsilon_{Nd}(t)$=-9.1。样品的 Pb 同位素组成与 $K_1^1\eta\gamma$、$K_1^2\eta\gamma$ 基本一致,$^{206}Pb/^{204}Pb$、$^{207}Pb/^{204}Pb$ 和$^{208}Pb/^{204}Pb$ 比值分别为 18.365、15.72 和 39.18(图 3-9)。

四、早白垩世花岗岩成因

早白垩世的 3 期花岗质岩体在野外相互接触,其锆石 U-Pb 年龄有一定的差异(144Ma、135Ma 和 130Ma),但其矿物组成相似;在哈克图解上(图 3-48),SiO_2 与 MgO、TFeO、TiO_2 显示弱的相关性,似乎暗示着三者受控于结晶分异的过程。但是,早期的 $K_1^1\eta\gamma$(SiO_2=70.91%~73.89%)比晚期的 $K_1^2\eta\gamma$(SiO_2=70.00%~74.10%)和 $K_1^3\eta\gamma$(SiO_2=71.37%~71.59%)具有更高的 SiO_2 含量,这样的 SiO_2 含量与 U-Pb 年龄关系及结晶分异模型不符。在哈克图解(图 3-48)上,SiO_2 与 CaO、Al_2O_3、K_2O、P_2O_5 及 δEu 并不存在明

显的线性演化关系，表明了它们并不受控于结晶分异的过程。另外，相较于 $K_1^2\eta\gamma$ 和 $K_1^3\eta\gamma$，$K_1^1\eta\gamma$ 明显具有较高初始的 $^{87}Sr/^{86}Sr$ 比值(0.718 15)(图 3-9)，指示了后者与前两者具有不同的岩浆源区。

1. $K_1^1\eta\gamma$ 成因分析

I 型和 S 型花岗岩分类是基于源区性质的不同划分的，通常认为强过铝质(A/CNK＞1.1)的花岗岩是 S 型花岗岩，其岩石化学依据为，在地表环境下长石风化形成黏土的过程中，Na、Ca、Sr 等丢失而使得沉积岩中 Al 的含量相对增高，Rb/Sr 等比值降低，这样的源岩熔融形成的岩浆通常具有强过铝质的特点。

如前所述，$K_1^1\eta\gamma$ 矿物组成上富含白云母，地球化学组成上为强过铝质(A/CNK＞1.1)，具有高的 SiO_2、Al_2O_3 和 Rb、Ta、Cs，而其 CaO、Ba、Sr(或 Rb/Sr 比值)较低(图 3-34、图 3-48)，这样的地球化学特征与喜马拉雅淡色花岗岩(Deniel et al.，1987)和幕阜山淡色花岗岩(Wang et al.，2014)类似，而这些花岗岩通常被解释为沉积岩部分熔融形成的 S 型花岗岩类。另外，$K_1^1\eta\gamma$ 具有低的 MgO 值(0.11%～0.71%)和 Th/U＝1.4～7.5(上地壳平均值为 3.98)，接近于上地壳的平均值(Rudnick et al.，2003)，也指示其源区可能是上地壳岩石；同时，富集的全岩 Sr-Nd-Pb 同位素(图 3-9)和锆石 Hf 同位素组成也进一步约束其源区为古老的沉积物。由于泥质源区富黏土、而贫长石(5%)，因此对应的 CaO/Na_2O(对应于长石/黏土比)一般小于 0.3，杂砂岩源区则与之相反(Sylvester，1998)。$K_1^1\eta\gamma$ 绝大部分样品的 CaO/Na_2O 比值大于 0.3，在(Al_2O_3/TiO_2)-(CaO/Na_2O)等一系列区分花岗岩源区特征图解中(图 3-49)，样品大多都落入沉积岩中杂砂岩区，少量落入泥质源区。

全岩锆石饱和温度计(Watson et al.，1983)计算表明，6 件 $K_1^1\eta\gamma$ 样品的 M＝1.11～1.34，在推荐的范围之内(0.9～1.7)，其锆石温度为 662～825℃，平均值为 740℃，且绝大部分低于 766℃，低于 $K_1^2\eta\gamma$ 和 $K_1^3\eta\gamma$ 锆石温度(712～809℃和 811～812℃)。结合岩浆中发育残留锆石的特征，母岩浆中锆石已经饱和，此时 740℃接近于岩浆温度的上限。因此，$K_1^1\eta\gamma$ 可能是陆壳岩石低温(＜766℃)熔融的产物。通常而言，地壳物质以较低的温度大规模熔融通常需要相当量水的加入(Clemens et al.，2001)，而源区中水一般源自黑云母、白云母和角闪石等含水矿物的脱水作用(Best et al.，2001)。该岩体具有高 SiO_2、K_2O(K_2O/Na_2O＞1)和 Al_2O_3，低 CaO 和($TFeO+MgO+TiO_2$)，这些特征表明 $K_1^1\eta\gamma$ 可能是白云母分解脱水引发的部分熔融的产物。

综上所述，$K_1^1\eta\gamma$ 成因分类上应该属于 S 型花岗岩，与古老的上地壳杂砂岩类在低温条件下"湿"的深熔形成的含白云母过铝花岗岩(MPGs)类似(Barbarin et al.，1999)。

2. $K_1^2\eta\gamma$ 和 $K_1^3\eta\gamma$ 成因分析

早白垩世 $K_1^2\eta\gamma$ 和 $K_1^3\eta\gamma$ 的岩石矿物组成、岩石地球化学(图 3-49)和 Sr-Nd-Pb 同位素组成相似(图 3-9)，表明二者可能具有相似的岩石成因；而二者主要的差异是：稍早期的 $K_1^2\eta\gamma$(t＝135Ma)为似斑状的细中粒结构，稍晚期 $K_1^3\eta\gamma$(t＝130Ma)具细粒结构，这可能是岩浆侵位深度不同造成的。

整体而言，$K_1^2\eta\gamma$ 和 $K_1^3\eta\gamma$ 为高硅高钾的花岗岩类，其 A/CNK＝1.00～1.14，为弱过铝

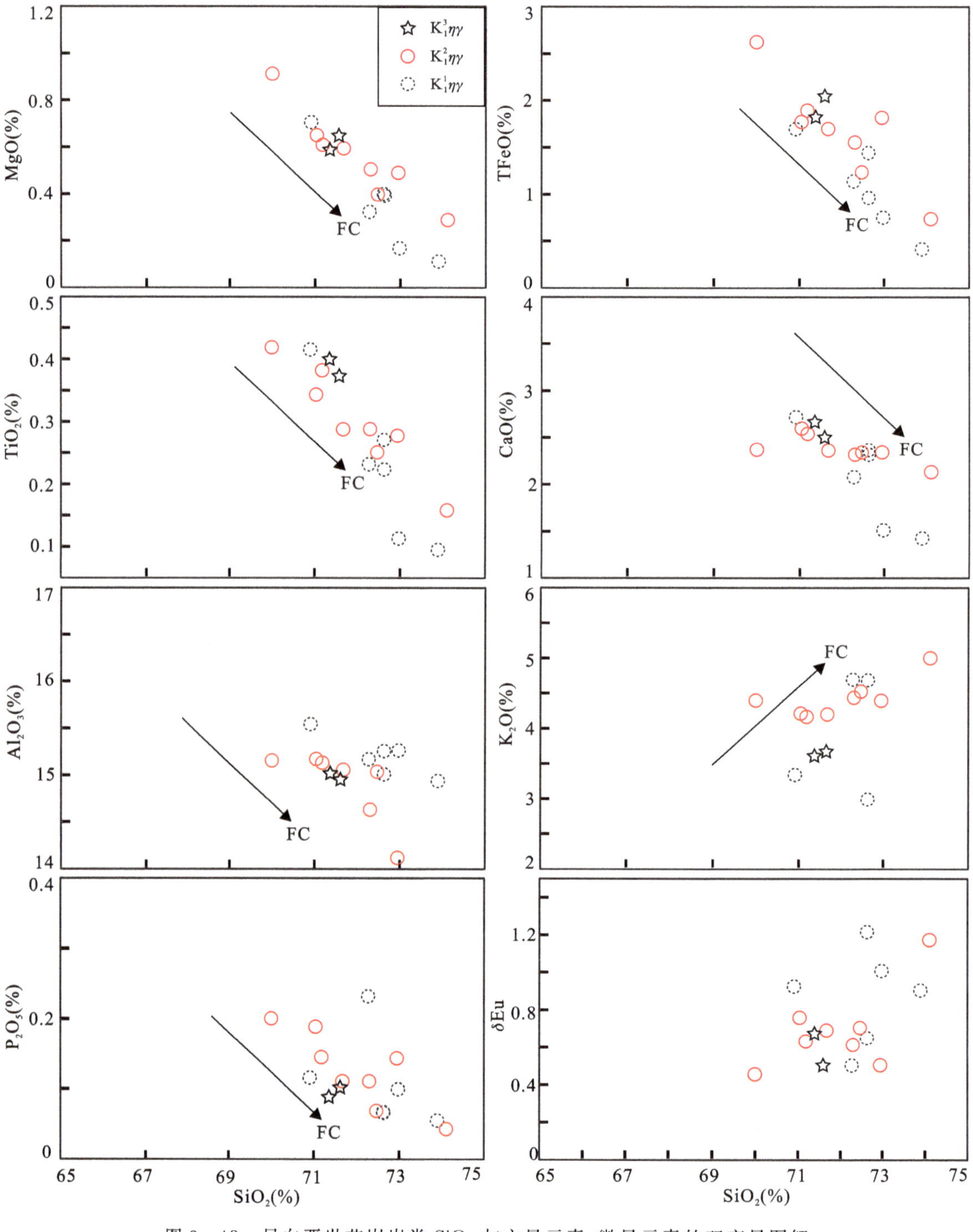

图 3-48　早白垩世花岗岩类 SiO_2 与主量元素、微量元素的双变量图解

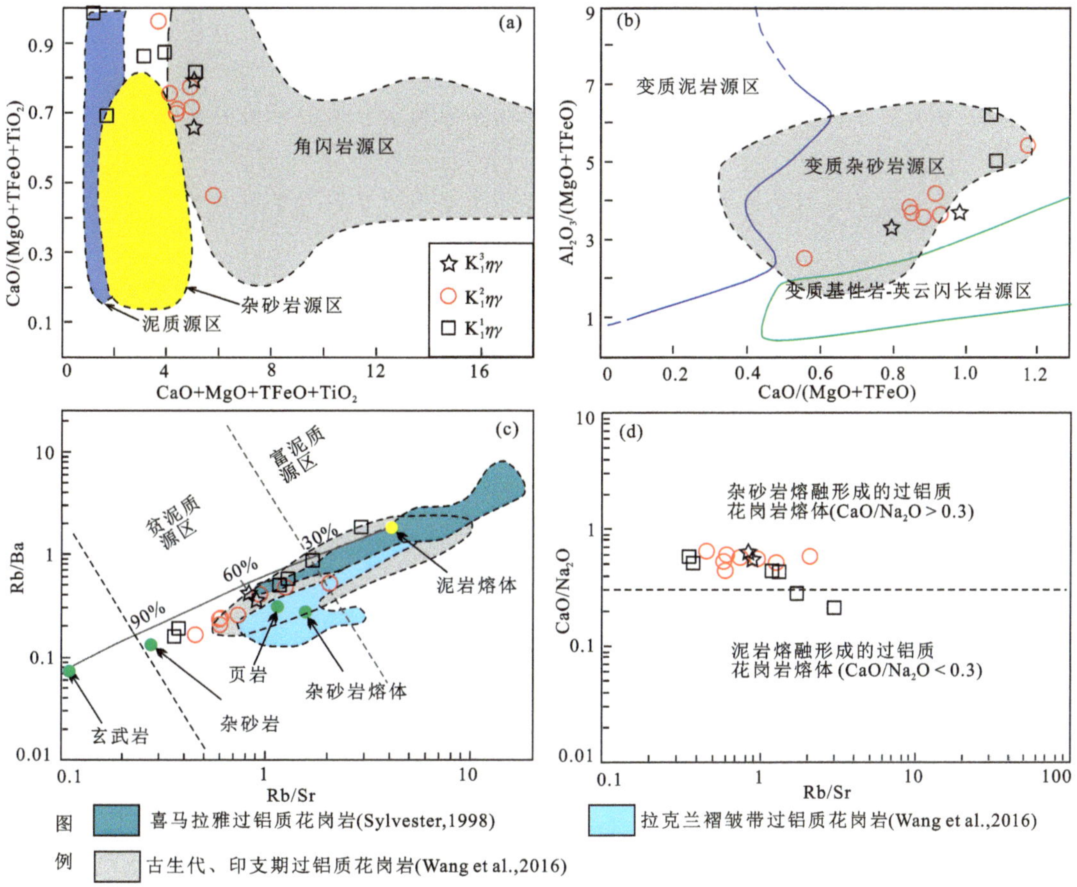

图 3-49　花岗岩源区判别图解

(a)$(CaO+MgO+TFeO+TiO_2)-CaO/(MgO+TFeO+TiO_2)$ 图解(据 Sylvester,1998);(b)$CaO/(MgO+TFeO)_{(molar)}-Al_2O_3/(MgO+TFeO)_{(molar)}$ 图解(据 Altherr et al.,2000);(c)Rb/Sr-Rb/Ba(Sylvester,1998);(d)$Rb/Sr-CaO/Na_2O$ 图解

质—强过铝质的花岗岩类,具有富集的同位素组成,其$(^{87}Sr/^{86}Sr)_i=0.713\ 35\sim0.713\ 70$、$\varepsilon_{Nd}(t)=-9.7\sim-9.1$($T_{DM2}=1.67\sim1.72Ga$)、$^{206}Pb/^{204}Pb=18.234\sim18.468$、$^{207}Pb/^{204}Pb=15.71\sim15.73$、$^{208}Pb/^{204}Pb=39.00\sim39.18$,表明可能主要是古老地壳物质部分熔融形成的。在区分 I 型花岗岩与 S 型花岗岩源区性质的$(CaO+MgO+TFeO+TiO_2)-CaO/(MgO+TFeO+TiO_2)$和$CaO/(MgO+TFeO)-Al_2O_3/(MgO+TFeO)$图解(图 3-49)上,$K_1^2\eta\gamma$ 和 $K_1^3\eta\gamma$ 主要落入角闪岩源区,也有部分落入杂砂岩源区,指示它们是由基性岩以及少量的沉积岩发生部分熔融形成的。

第四节　晚侏罗世—早白垩世大地构造背景

华南大陆位于特提斯构造域与古太平洋构造域的交接部位。中生代，受这两大构造域板块边缘俯冲碰撞作用的影响，华南乃至整个东亚的大地构造过程发生剧烈变动，区域地层发生大规模变形变质，并伴随着巨量的岩浆侵入和火山喷发活动。这些变形变质构造和岩浆岩构成了一条壮观的宽约1300km的陆内褶皱冲断构造-岩浆岩带，在全球中生代构造中独具特色（如，徐先兵等，2009；Li et al.，2007）。越来越多的资料证实，华南内部中生代不存在洋盆或碰撞造山带，而以陆内造山作用为主（如，Yu et al.，2005）。关于华南中生代多阶段大规模构造-岩浆活动的动力学机制存在严重的分歧：①地幔柱模型（毛建仁等，1999；谢桂青等，2001）；②阿尔卑斯型大陆碰撞模式（Hsü et al.，1998）；③陆内伸展与裂解模式（Gilder et al.，1998）；④大洋板块的平俯冲模式（Li et al.，2007，2012）。

三叠纪岩浆岩以花岗岩为主，分布较分散，整体呈面状分布，缺乏共生的火山岩，似乎暗示其成因应与俯冲消减作用无直接关联（周新民，2003）。侏罗纪—白垩纪岩浆活动主要集中在长江中下游和东南沿海地区，形成的岩浆岩带（弧）总面积约139 920km^2（Zhou et al.，2006），这些大面积的盆地和岩浆岩构成了华南特色。早期的研究认为，岩浆岩带的宽度（＞1000km）远大于板块俯冲作用形成的岩浆弧宽度（300～400km），因此华南中生代岩浆活动与太平洋板块的俯冲作用无关；白垩纪多幕式的岩浆活动（146～136Ma、129～122Ma、109～101Ma和97～87Ma），其形成与岩石圈幕式伸展作用有关（Li，2000）。

与之不同，白垩纪岩浆岩平面上呈北东走向带状展布，沿北西方向存在显著极性变化规律，即从华南内陆向沿海，岩浆岩逐渐变年轻，且岩石中地幔组分逐渐增多，这些岩浆特征被认为与古太平洋板块向亚洲大陆的俯冲有关（Chen et al.，1998）。Zhou和Li（2000）注意到岩浆岩带的宽度从中侏罗世到早白垩世逐渐变窄，提出太平洋板块俯冲的角度逐渐变陡。类似地，Ling et al.（2011）根据长江中下游地区早白垩世埃达克（质）岩的地球化学特征及其与成矿的关系，提出了古太平洋和伊泽奈崎板块之间的洋中脊俯冲模型。Li et al.（2012）根据不同时期岩浆活动强弱的对比，指出华南大陆于250～90Ma和90～0Ma分别具安第斯型活动大陆边缘和西太平洋型大陆边缘性质，认为华南白垩纪岩浆活动与平板俯冲板片的拆沉作用有关，他们的模型统一解释华南大陆中生代宽1300km褶皱冲断带的形成和岩浆演化过程，强调俯冲作用起始于晚二叠世，并一直持续至白垩纪。

幕阜山西北缘的晚侏罗世辉长闪长质岩体（$J_3^1\nu\delta$，约155Ma）具有弧型的地球化学特征和富集的同位素组成，被解释为富集的大陆岩石圈地幔发生部分熔融形成的；其地幔源区遭受了俯冲带流体/沉积物熔体交代。而晚侏罗世花岗质岩体（$J_3^2\gamma\delta$、$J_3^3\gamma\delta$和$J_3^4\eta\gamma$，153～150Ma）为古老地壳物质部分熔融形成的I型花岗岩类，其埃达克质地球化学特性指示形成于加厚的下地壳环境；类似地，这一时期的埃达克质岩石在长江中下游和东南沿海地区广泛发育，它们都指示了一个加厚地壳的环境存在(Yang et al.，2012)。早白垩世花岗岩类($K_1^1\eta\gamma$、$K_1^2\eta\gamma$ 和 $K_1^3\eta\gamma$，144～130Ma)大部分为铝质甚至为强过铝质的，其形成过程中有中元古代的陆壳沉积物加入。区域上这一时期的岩浆岩主要分布在长江中下游、东南沿海和江邵缝合带，它们大部分为铝质或过铝质，且部分具有 A 型花岗岩的地球化学特征，表明它们的形成与中元古代变质岩石的部分熔融以及幔源物质的介入有关(Jiang et al.，2009；Yang et al.，2012)，指示一个伸展的大地构造环境。

考虑到华南白垩纪伸展盆地群或岩浆岩带呈北东向展布，尤其是，155Ma 之后的华南岩浆岩在平面上呈现"向海岸线逐渐变年轻"的极性，古太洋板块俯冲有关模型可以较好地解释以上岩浆岩展布规律。例如，Li et al.(2007)用平板俯冲以及俯冲板片回转(后退的弧系统)很好地解释了这一时期陆内"伸展环境的岩浆"和向东南沿海的"弧有关的岩浆"的配置关系。基于以上分析，结合 Li et al.(2012)提出的平板俯冲模型，对研究区晚侏罗世—早白垩世岩浆岩的形成过程解释如下：

(1)190Ma 之后，古太平洋板块向北西发生平板俯冲，俯冲板块释放的流/熔体交代了上覆地幔楔并发生部分熔融，其形成的岩浆底侵造成地壳的加厚。由于俯冲板片发生榴辉岩相变质而断离沉入地幔，俯冲板片的回转，俯冲带位置和弧岩浆活动开始不断向海岸(南东方向)迁移。

(2)155～150Ma，由于俯冲板片的下沉造成软流圈上涌，上涌带来热量使得之前被交代的富集大陆岩石圈地幔发生部分熔融形成玄武质岩浆，并经历分离结晶形成了 $J_3^1\nu\delta$ 岩浆；软流圈上涌(或/和 $J_3^1\nu\delta$ 岩浆上侵)带来热量使得加厚下地壳玄武岩发生部分熔融，形成了具有埃达克质地球化学特征的花岗质岩体($J_3^2\gamma\delta$、$J_3^3\gamma\delta$ 和 $J_3^4\eta\gamma$)[图 3－50(a)]。而现今 3 个花岗质岩体($J_3^2\gamma\delta$、$J_3^3\gamma\delta$ 和 $J_3^4\eta\gamma$)之间的成分差异是由于不同程度的矿物分离结晶作用造成的。

(3)进一步，软流圈上涌(或/和其他壳源岩浆上侵)带来的热量使得：①古元古代沉积物脱水熔融形成了 $K_1^1\eta\gamma$(144Ma)的强过铝质花岗岩；②包含角闪岩和沉积岩的古老地壳发生部分熔融形成了 $K_1^2\eta\gamma$ 和 $K_1^3\eta\gamma$(135～130Ma)高钾花岗岩类。区域上，地幔岩浆底侵加热下地壳岩石熔融(或者幔源、壳源岩浆的混合)形成同一时期大量的过碱性 A 型花岗岩(137～108Ma)[图 3－50(b)]。

整体而言，155～130Ma 期间洋壳俯冲和弧岩浆活动已迁移至东南沿海或者东部海域。幕阜山西北缘远离当时的俯冲带的板内环境，由于平板俯冲板片的断离、软流圈物质上涌，富集的大陆岩石圈地幔、加厚的下地壳、上地壳等不同组分相继发生部分熔融，形成了这一时期岩性变化多样的岩浆岩。

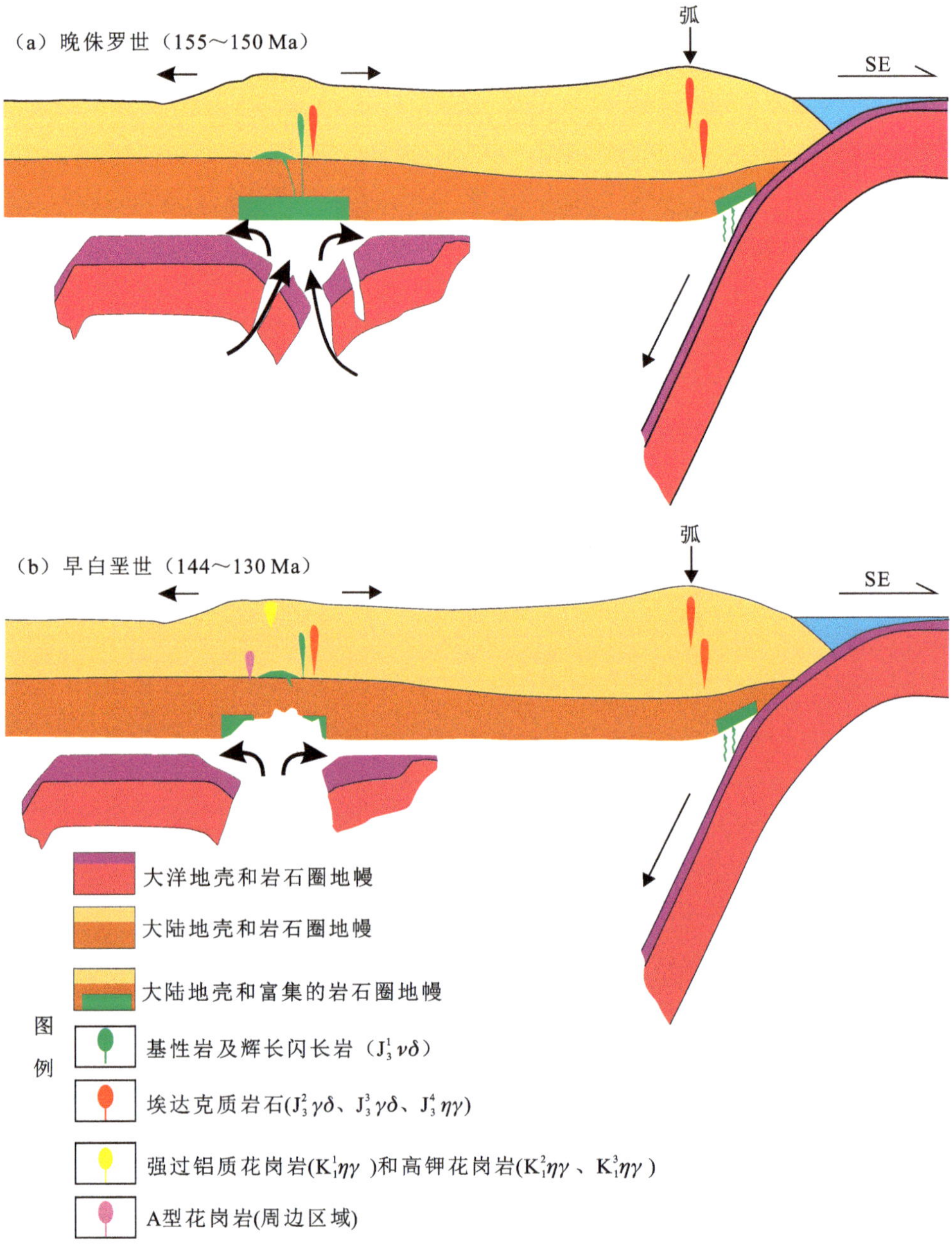

图 3-50　幕阜山地区晚侏罗世—早白垩世岩浆-构造演化模式图[据 Li et al.(2012)修改)]

第四章　伟晶岩与稀有金属成矿

稀有金属锂、铍、铌、钽等广泛应用于医药、化工、航空航天及新能源领域，具有重要战略价值和经济价值。但稀有金属在自然界分布稀少且分散，因此寻找并探究稀有金属的分布和成矿规律具有重要科学意义及国家战略意义。幕阜山中生代复式花岗质岩体内部及岩体内外接触带发育大量花岗伟晶岩脉。伟晶岩脉中蕴藏着丰富的稀有金属矿产资源，据湖南省核工业地质局三一一大队初步估算，钽铌资源总量达2万余吨。科学研究方面，前人对含稀有金属伟晶岩的地区，如平江—瑚珮地区（肖朝阳，2003），仁里地区（文春华等，2016，2017；黄志飚等，2018；Li et al.，2019，2020）和断峰山地区（李鹏等，2017；李乐广等，2019）进行了矿物化学及成矿规律研究。本章在前人研究的基础上以幕阜山西北缘断峰山地区伟晶岩为研究对象，并将其与幕阜山南缘仁里矿区进行对比，探讨了伟晶岩成因及稀有金属成矿规律。

第一节　伟晶岩研究现状

早在19世纪，伟晶岩就因其特殊的结构构造而引起了地质学家的注意，但未进行深入详细的研究，直到第二次世界大战时，随着各国对稀有金属矿产的需求增加，促进了伟晶岩的研究。1940年，苏联著名地球化学家和矿物学家费尔斯曼出版《伟晶岩》专辑，开启了对伟晶岩结构构造、地球化学分类、成因、大地构造意义和成矿方面的广泛研究。

一、伟晶岩的分类

根据伟晶岩地球化学或形成环境不同，前人对伟晶岩进行了分类。其中影响较为广泛的是Cerny(1991b)提出的地球化学分类，根据富集元素不同将伟晶岩分为LCT(Li、Cs、Ta)型、NYF(Nb、Y、F)型和LCT与NYF混合型。LCT型伟晶岩与S型花岗岩有关，富集Li、Cs、Ta、Be、B、Rb、Sn、Ga、Hf等，NYF型伟晶岩与A型花岗岩或I型花岗岩有关，富集Nb、Y、HREE、Be、Ti、Sc、Zr等元素。我国伟晶岩主要为LCT型。

二、伟晶岩的分带性

野外观察表明伟晶岩内部往往呈带状分布，从边部到核部可分为4个结构带。①边缘带，细粒，石英＋白云母＋钠长石；②外围带，粗粒，文象结构发育，钠长石＋条纹长石＋石英＋白云母±电气石±绿柱石；③中间带，粗粒—巨粒，钠长石＋钾长石＋云母＋石英±绿柱石±锂辉石±铌钽铁矿±锂电气石±铯榴石±锂磷酸岩；④中心带，巨粒，以石英为主，还可有钠长石、锂辉石、电气石、绿柱石、锂-铝硅酸岩矿物。但不同地区的伟晶岩内部分带情况不一致，往往4个带发育不全，可能缺少边缘带等。有的伟晶岩脉内部也会发育细晶—伟晶韵律状分带（朱金初等，1996；Morgan et al.，1999）。如朱金初等（2000）在研究可可托海3号伟晶岩时根据特征性矿物的出现将它分为9个结构带。

伟晶岩脉矿物成分的变化反映出化学成分的演化过程，其化学成分的演化也具有分带性。王贤觉（1980）在研究可可托海3号伟晶岩脉时曾提出碱的演化和地球化学阶段的划分方案（K－Na、Na－Li、K）。Cerny（1991a）曾提出富锂伟晶岩脉的演化过程为花岗岩→贫矿阶段→富Be→富Be、Nb、Ta→富Li、Be、Ta、Nb→富Li、Cs、Be、Ta、Nb的岩脉演化过程。

三、伟晶岩的成因研究

半个多世纪以来，各国地质工作者就伟晶岩的成因和类型划分提出过多种模型，如岩浆模式、岩浆期后热液交代模式、流体交代成因、变质分异成因等。概括起来，伟晶岩的成因主要分为两种类型：与岩浆活动有关的岩浆型伟晶岩和与变质作用、变质交代有关的变质型伟晶岩。

岩浆成因说认为伟晶岩的形成主要与花岗岩有关，花岗质岩浆经过分异演化后期富含挥发分的熔体会在岩体或围岩裂隙中侵位并结晶出伟晶岩。邹天人等（1975）提出岩浆自分异交代成因和变质分异成因伟晶岩，从母花岗岩浆分离出富含挥发分和稀有元素的伟晶岩熔融体后沿构造裂隙向外运移过程中发生结晶分异作用，在伟晶岩演化阶段晚期常常发生自交代作用，富含挥发分的硅酸盐流体可能会对先前形成的矿物进行交代，在交代过程中伴随有稀有金属成矿。变质分异成因的伟晶岩通常产于复背斜核部深变质岩中，如混合花岗岩、眼球状混合岩及各种片麻岩中，常常构成条带状混合岩。杨岳清等（1998）在研究我国福建南平伟晶岩时提出混合岩化作用会形成变质分异型伟晶岩。李兆麟等（1998）认为云南哀牢山伟晶岩属于变质深熔作用的产物。王联魁等（1999，2000）提出富氟花岗质岩浆的液态不混溶作用，在花岗质岩浆演化过程中会富集挥发分和不相容元素，温度或压力降低会诱发含挥发分花岗质熔体发生液态不混溶作用，富集稀有金属和挥发分的熔体会向岩浆房顶部运移并结晶形成伟晶岩。

四、伟晶岩稀有金属的富集机制

关于伟晶岩形成过程中稀有元素的富集机制，前人也曾提出过多种解释，主要有以下几种观点：

（1）连续分离结晶模式。随着岩浆分离结晶的进行，挥发分和稀有金属等不相容元素会逐渐在残余熔体中富集，并最终富集成矿。Shearer et al.（1992）提出较为理想的连续分离结晶模型，认为化学成分均一的熔体在分离结晶过程中可以产生广泛的花岗质岩类，分离结晶程度较弱时产生黑云花岗岩，高度分离结晶会产生特殊类型花岗质岩。分离结晶过程逐渐出现黑云花岗岩-二云花岗岩-粗粒白云花岗岩-似伟晶状花岗岩，熔体结晶过程中会逐渐富集稀有元素等高度不相容元素并最终富集成矿。

(2)部分熔融模型。Shearer et al.(1992)认为原岩不同程度的部分熔融可以产生化学成分不同的花岗质熔体，部分熔融程度较高时将会生成黑云花岗岩，而熔融程度较弱时，不相容元素优先进入熔体相，将会形成富集碱土金属元素、Nb、Ta、Be、Sn的花岗质熔体，并最终形成花岗质伟晶岩。

(3)不同来源模型。Shearer et al.(1992)认为原岩熔融部位不同将会产生化学成分不同的花岗质熔体(熔融程度相同)，富含稀有金属的原岩部分熔融会富集Be、Ta、Li、Cs等，熔融残留和矿物集合体会形成部分富集Be矿的花岗质岩体，对原岩的交代作用形成的熔体也会富集Be、Nb、Ta等。

(4)岩浆液态不混溶模式。该观点认为在伟晶岩形成过程中挥发分对稀有金属元素的富集起制约作用，前人通过实验岩石学研究认为挥发分和流体相在温度压力的改变下会从熔体相分离，并携带稀有金属元素在岩浆房顶部富集(Jahns et al.,1969; London et al.,1989)。陈毓川(2003)在研究我国阿尔泰伟晶岩型矿床时也曾用岩浆液态分离过程解释稀有金属的富集机制，认为花岗质岩浆随着一定程度的分离结晶，随着温度的下降最终会在岩浆房顶部形成富集挥发分和稀有金属元素的熔体，最终形成伟晶岩。

第二节 伟晶岩形成时代与地球化学特征

幕阜山复式岩体为一巨型花岗岩复式岩基，是华南晚中生代岩浆活动的产物，经历了多期次多阶段的大规模岩浆活动，主要岩性为黑云二长花岗岩、二云二长花岗岩、花岗闪长岩及少量的辉长闪长岩。花岗伟晶岩呈脉状、透镜体状分布于岩体内部及外围接触带(围岩主要为冷家溪群)中，综合区域资料分为断峰山、北港、黄龙山与仁里4个伟晶岩密集带(地质部701部队，1965；图4-1)。本书重点对幕阜山西北缘断峰山与南缘仁里伟晶岩进行系统研究，而前人在该区域开展的年代学、地球化学、矿物化学等工作，为本次研究提供了详实的对比资料。

一、幕阜山伟晶岩形成时代

受伟晶岩样品和测试方法的制约，2010年之前对幕阜山地区伟晶岩的年代学研究还较为薄弱。近几年，借助云母$^{40}Ar/^{39}Ar$同位素分析和锆石、铌钽铁矿U-Pb年代学等手段，逐渐获得可靠的矿物结晶年龄，对理解伟晶岩成矿时代和研究伟晶岩与花岗岩的成因关系具有重要意义。李鹏等(2017)通过对幕阜山地区伟晶岩中白云母$^{40}Ar/^{39}Ar$同位素测年，得出幕阜山北缘断峰山地区含铌钽铁矿白云母钠长石伟晶岩中白云母坪年龄为127.7±

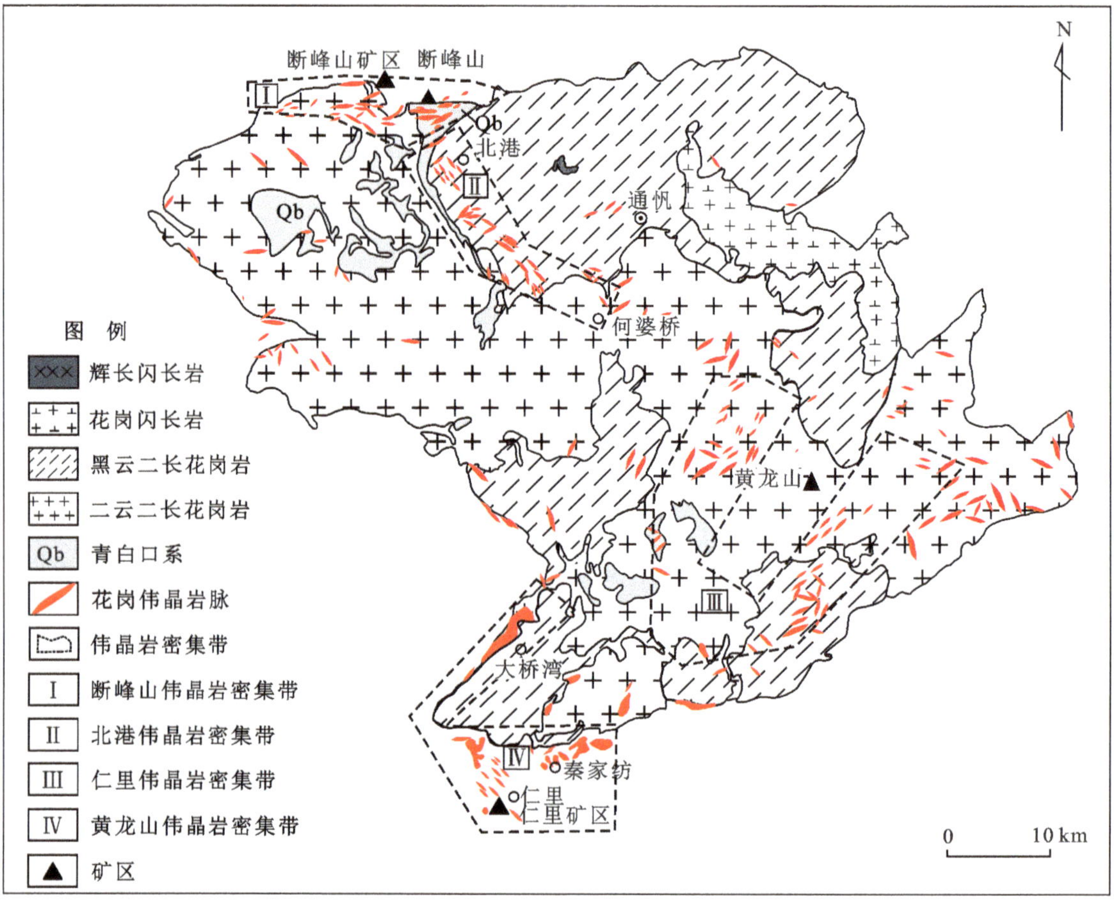

图 4-1　幕阜山岩体地质简图和岩脉分布图[据地质部 701 部队(1965),有修改]

0.9Ma,含绿柱石白云母钠长石伟晶岩中白云母坪年龄为 130.5±0.9Ma。于幕阜山南缘仁里矿区,刘翔等(2019)获得锂辉石伟晶岩白云母 $^{40}Ar/^{39}Ar$ 年龄为 130.8±0.9Ma;李鹏等(2019)获得锂云母 $^{40}Ar/^{39}Ar$ 年龄为 125.0±1.4Ma,代表岩浆分异演化晚期阶段;Li et al.(2020)获得微斜长石-钠长石伟晶岩中铌钽铁矿的 U-Pb 年龄为 133.0±2.6Ma。总体而言,幕阜山伟晶岩成矿年龄主要集中在 130～125Ma 之间,略晚于幕阜山花岗岩形成时代。

二、幕阜山伟晶岩的地球化学特征

本文实测幕阜山西北缘断峰山伟晶岩主量元素具有高的 SiO_2(64.58%～78.29%)含量,变化较大的 K_2O(1.44%～12.41%)与 Na_2O(1.55%～5.20%)含量,低的 MgO(0.02%～0.41%)、CaO(0.04%～2.00%)、TiO_2(0.01%～0.20%)和 Fe_2O_3(0.01%～0.53%)含量,其 K_2O/Na_2O 变化在 0.44～7.51 之间,A/CNK 值在 1.02～1.24 之间(表 4-1)。在 SiO_2-K_2O 图解上,伟晶岩样品分散,从钙碱性-钾玄岩系列均有显示[图 4-2(a)];在 A/CNK-A/NK 图解上均位于过铝质区域[图 4-2(b)]。

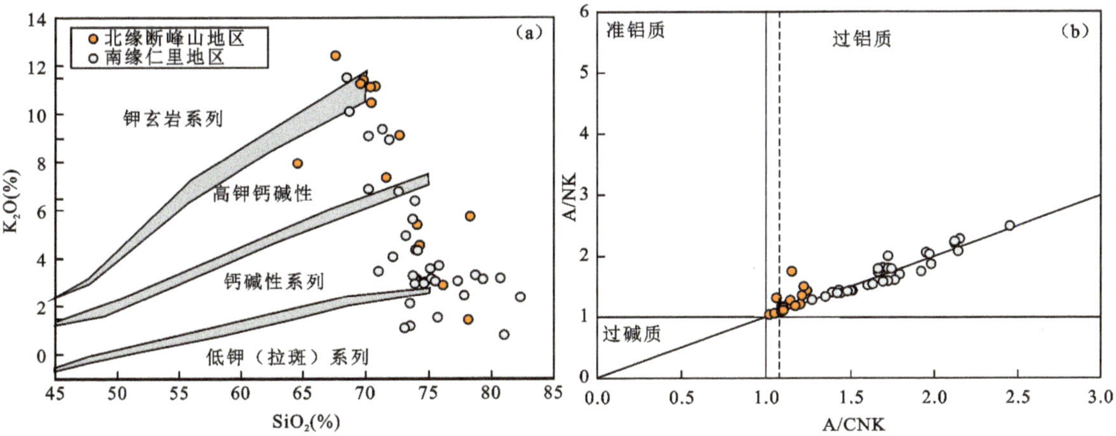

图 4-2　幕阜山伟晶岩岩石分类图解("南缘"数据搜集自刘翔等,2019;周芳春等,2019a,2019b)

(a)SiO_2-K_2O 图解;(b)A/CNK-A/NK 图解

微量元素上,重点分析成矿元素含量,Li 含量变化为(4.80～58.30)$\times10^{-6}$,Be 含量变化为(0.49～11.69)$\times10^{-6}$,Nb 含量变化为(1.57～11.06)$\times10^{-6}$,Ta 含量变化为(0.51～2.15)$\times10^{-6}$,Rb 含量变化为(67.54～633.20)$\times10^{-6}$,Cs 含量变化为(3.63～14.72)$\times10^{-6}$。Nb/Ta 变化为 2.12～7.76,K/Rb 变化为 78.81～408.49。与南缘仁里等地区伟晶岩相比,幕阜山西北缘伟晶岩 Li、Be、Rb、Cs、Nb、Ta 含量较低,Nb/Ta 比值和 K/Rb 比值较高,表明幕阜山西北缘伟晶岩演化程度不及幕阜山南缘伟晶岩(图 4-3)。由于伟晶岩样品矿物颗粒粗大且易分带,常造成成分不均匀,因此全岩地球化学数据并不能十分有效地反映成矿信息,为此本次工作开展了详细的矿物化学工作,详见本章第四节。

表 4-1　幕阜山西北缘伟晶岩主量元素含量(%)和微量元素含量($\times10^{-6}$)

样品编号	D1156-1h	D1166-1h	D2203-1h	D2213-1h	D2224-1h	D3202-1h	D3202-2h	D3207-1h
SiO_2	70.76	74.06	70.37	78.29	74.29	72.69	74.71	76.12
Al_2O_3	15.44	15.73	16.09	12.01	15.01	15.07	14.97	14.11
Na_2O	1.71	4.63	1.72	2.46	4.57	1.99	5.17	5.20
MgO	0.08	0.08	0.03	0.05	0.02	0.05	0.03	0.02
P_2O_5	0.02	0.01	0.02	0.03	0.04	0.01	0.02	0.09
K_2O	11.14	3.14	11.11	5.74	4.54	9.11	3.02	2.88
CaO	0.13	0.92	0.05	0.40	0.48	0.29	0.76	0.06
TiO_2	0.01	0.03	0.01	0.02	0.01	0.02	0.01	0.01
MnO	0.01	0.08	0	0.11	0.10	0	0.13	0.01
Fe_2O_3	0.05	0.24	0.01	0.13	0.11	0.05	0.14	0.06
FeO	0.08	0.18	0.05	0.22	0.18	0.08	0.28	0.08

续表 4-1

样品编号	D1156-1h	D1166-1h	D2203-1h	D2213-1h	D2224-1h	D3202-1h	D3202-2h	D3207-1h
H_2O^+	0.24	0.71	0.31	0.33	0.46	0.43	0.50	0.63
CO_2	0.03	0.03	0.03	0.03	0.03	0.03	0.03	0.03
LOI	0.22	0.66	0.09	0.20	0.32	0.24	0.42	1.35
K_2O/Na_2O	6.51	0.68	6.45	2.33	0.99	4.57	0.58	0.55
A/CNK	1.02	1.24	1.08	1.09	1.13	1.10	1.14	1.20
A/NK	1.04	1.43	1.08	1.17	1.21	1.15	1.27	1.21
Li	19.12	56.94	8.82	55.39	27.91	11.46	34.65	34.67
Be	1.04	9.38	1.15	5.51	8.06	1.73	11.69	3.90
Rb	533.2	199.2	477.1	442.9	478.7	383.2	275.5	190.4
Nb	4.26	9.14	2.50	6.28	10.63	2.60	11.06	5.40
Cs	9.19	7.65	7.85	14.72	11.38	7.66	9.10	9.16
Ta	0.87	2.02	0.75	1.25	2.15	0.69	2.10	1.12
Nb/Ta	4.89	4.52	3.36	5.04	4.94	3.78	5.26	4.82
K/Rb	173.50	130.92	193.25	107.55	78.81	197.36	91.06	125.70
样品编号	D3160-1h	D3160-2h	D3160-3h	WJY-1h	WJY-2h	WJY-3h	WJY-4h	WJY-5h
SiO_2	69.81	71.62	67.60	70.43	69.58	74.07	64.58	78.14
Al_2O_3	16.18	16.61	17.63	16.44	16.53	15.35	20.45	12.15
Na_2O	1.81	2.64	1.65	1.55	1.63	2.69	4.28	3.27
MgO	0.03	0.06	0.03	0.08	0.07	0.07	0.02	0.41
P_2O_5	0.03	0.02	0.02	0.03	0.02	0.02	0.03	0.02
K_2O	11.40	7.34	12.41	10.46	11.25	5.39	7.94	1.44
CaO	0.05	0.77	0.04	0.06	0.09	1.28	2.00	1.99
TiO_2	0.01	0.02	0.01	0.03	0.03	0.04	0.01	0.20
MnO	0	0.01	0.01	0.01	0.01	0.01	0	0.04
Fe_2O_3	0.03	0.14	0.02	0.18	0.12	0.20	0.01	0.53
FeO	0.05	0.05	0.05	0.08	0.08	0.08	0.05	0.92
H_2O^+	0.31	0.53	0.24	0.35	0.37	0.47	0.36	0.72
CO_2	0.03	0.03	0.03	0.03	0.03	0.03	0.03	0.03
LOI	0.18	0.36	0.14	0.25	0.16	0.35	0.31	0.46
K_2O/Na_2O	6.30	2.78	7.51	6.73	6.90	2.01	1.86	0.44
A/CNK	1.05	1.21	1.09	1.17	1.10	1.22	1.06	1.15
A/NK	1.06	1.35	1.09	1.18	1.11	1.50	1.31	1.75
Li	6.93	15.40	4.80	10.75	10.86	17.00	9.26	58.30
Be	0.49	2.95	0.75	1.31	0.62	2.56	3.99	4.54
Rb	340.5	238.5	385.2	265.0	280.6	146.1	161.4	67.54

续表 4－1

样品编号	D3160－1h	D3160－2h	D3160－3h	WJY－1h	WJY－2h	WJY－3h	WJY－4h	WJY－5h
Nb	2.28	2.00	1.57	3.95	2.43	3.69	2.28	4.96
Cs	10.16	8.81	11.66	11.84	7.06	4.07	3.63	6.17
Ta	0.81	0.51	0.60	1.37	0.87	0.76	1.08	0.64
Nb/Ta	2.83	3.89	2.61	2.89	2.79	4.87	2.12	7.76
K/Rb	277.98	255.41	267.43	327.72	332.96	306.25	408.49	176.54

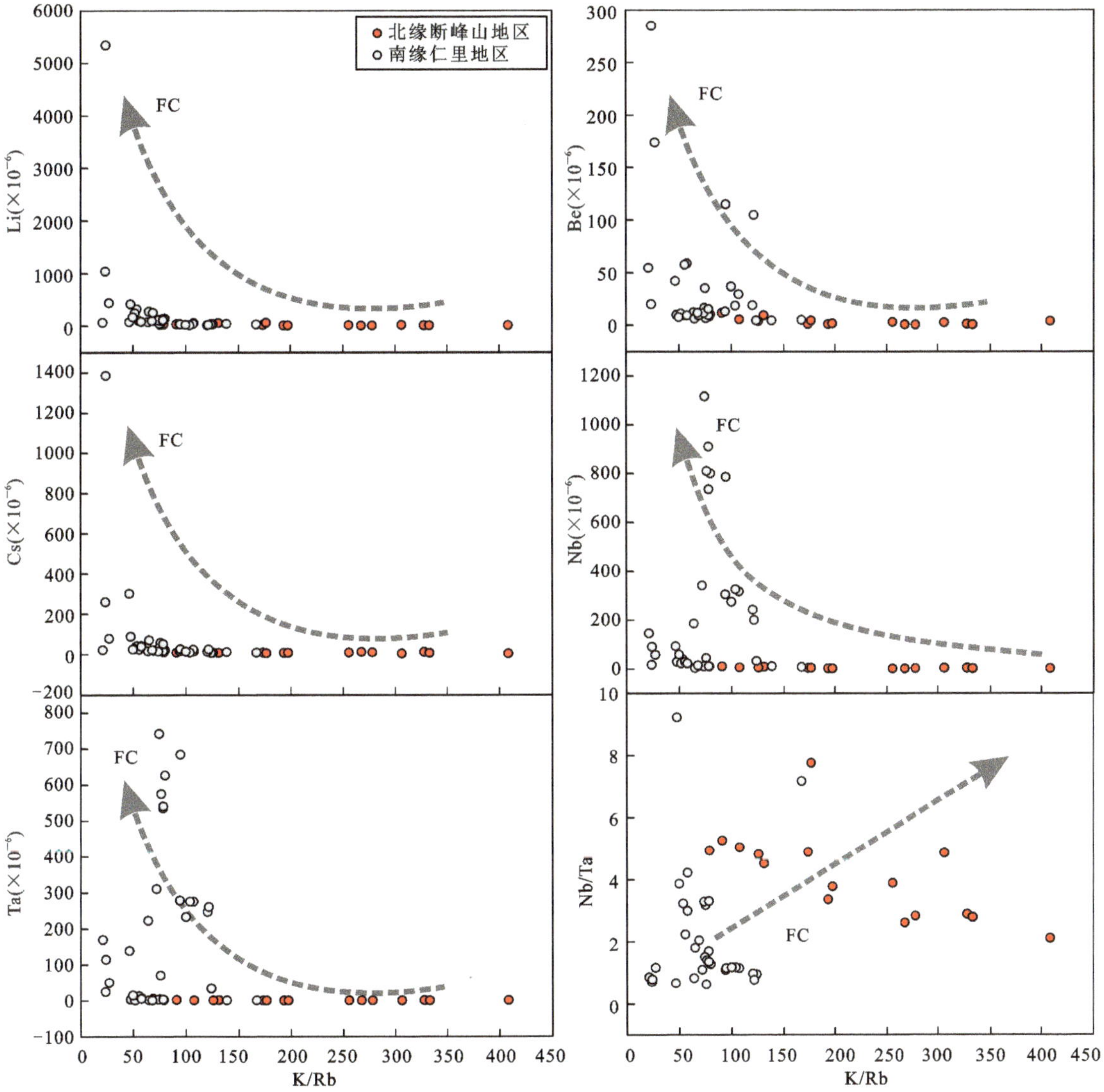

图 4－3　幕阜山伟晶岩岩石微量元素演化图解

（南缘数据搜集自刘翔等，2019；周芳春等，2019a，2019b）

第三节　伟晶岩地质特征及分类

一、断峰山地区伟晶岩

断峰山伟晶岩密集带处于幕阜山花岗岩体西北缘，沿东西向展布，长 15.2km，宽 3～4km，主要分布于黑云二长花岗岩体和围岩接触变质带内（图 4－4）。该地区共有伟晶岩脉 266 条，脉体规模大小不一，最大者长约千余米，宽几十米至百余米；小者长几米，宽几厘米。一般以长 50～500m、宽 0.5～5.0m 者最多（湖北省第四地质大队，1974）。岩脉以脉状、透镜状和分支脉状为主。岩脉以微斜长石伟晶岩、微斜长石－钠长石伟晶岩和钠长石伟晶岩为主，文象结构、变文象结构和伟晶结构发育，除含长石、云母、石英等主要矿物外，还发育电气石、绿柱石、铌钽铁矿、独居石等副矿物，具有一定的铌钽矿化。结合野外观察和特征矿物的出现特征，将该地区伟晶岩分为 4 个类型（表 4－2）：电气石伟晶岩（Tur－伟晶岩）、电气石－绿柱石伟晶岩（Tur－Brl－伟晶岩）、绿柱石伟晶岩（Brl－伟晶岩）、绿柱石－铌钽铁矿伟晶岩（Brl－Col－伟晶岩）。

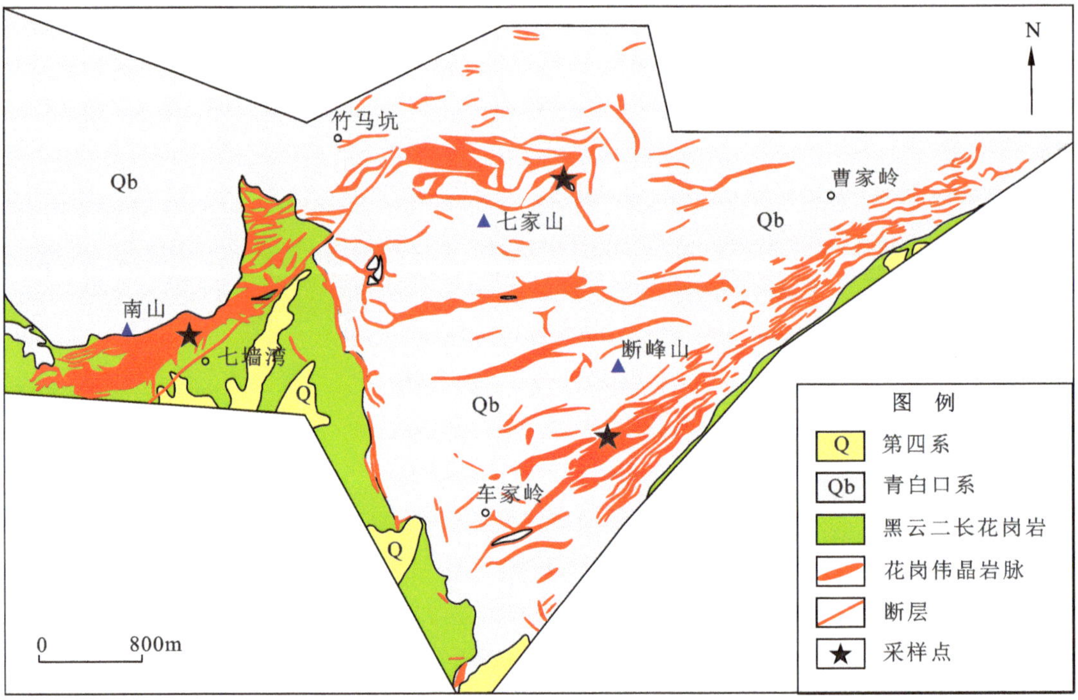

图 4－4　断峰山地区伟晶岩脉分布图（据地质部 701 部队，1965）

表 4-2　幕阜山北缘断峰山地区伟晶岩脉分类

岩脉名称	岩脉类型	矿物组合
电气石伟晶岩	Tur-伟晶岩	钾长石、钠长石、白云母、石英、石榴子石、电气石
电气石-绿柱石伟晶岩	Tur-Brl-伟晶岩	钾长石、钠长石、白云母、石英、石榴子石、电气石、绿柱石
绿柱石伟晶岩	Brl-伟晶岩	钾长石、钠长石、白云母、石英、石榴子石、绿柱石
绿柱石-铌钽铁矿伟晶岩	Brl-Col-伟晶岩	钾长石、钠长石、绿柱石、石英、白云母、铌钽铁矿、黄铁矿、闪锌矿

(一)矿床地质特征

1. 电气石伟晶岩

电气石伟晶岩分布于断峰山峡沟，岩脉整体为浅肉红色—浅黄红色，中等风化，宽约4m，延伸超过百米，围岩为冷家溪群片岩组二云片岩。伟晶岩巨粒伟晶结构，块状构造，部分矿物分布不均匀，发育带状构造和团块状构造。主要矿物为钾长石(35%)、钠长石(30%)、片状白云母集合体(20%)、黑云母(5%)与石英(10%)，副矿物可见柱状黑电气石和石榴子石。钾长石为浅肉红色，颗粒完整，晶型较好，颗粒直径 3～10cm，可见钾长石集合体呈团块状产于钠长石中。钠长石为浅灰白色，风化较为严重，颗粒不完整，粒径约 1cm，呈大面积团块状分布，常包裹钾长石晶体。白云母形态分为两种，一种为巨片状集合体，直径4～6cm，最大直径可达 10cm，穿插生长于钾长石、钠长石中；另一种为白云母呈细小鳞片状分布于脉体和围岩接触带。石英呈他形充填于钠长石和钾长石空隙中，部分石英呈脉体产出，其中生长有黑电气石。电气石呈柱状生长于白云母和石英脉体中，可见球形三角形截面和晶面纵纹。石榴子石风化表面呈铁锈色。根据形态大小和分布方式分为 3 种，①石榴子石1～2mm，呈带状分布，分布于钠长石中；②石榴子石粒径 8～15mm，呈团粒状集合体产于钾长石中；③石榴子石粒径 2～10mm，与羽状白云母集合体共生(图 4-5)。

2. 电气石-绿柱石伟晶岩

电气石-绿柱石伟晶岩采自断峰山峡沟，宽约 20m，延伸过百米。围岩为云母片岩，接触带多见有细小鳞片状白云母。岩脉风化为灰白色，主要矿物为钠长石(35%)、钾长石(30%)、白云母(20%)、石英(10%)和黑云母(5%)，偶见晶洞构造。钠长石和钾长石呈粒状，粒径 3～4cm，钾长石粒径大于钠长石。相较于电气石伟晶岩，该岩脉中出现绿柱石和色带电气石。绿柱石呈浅灰绿色和黄绿色，较为破碎，呈柱状，与石英脉紧密共生[图 4-6(a)、图 4-6(b)]。电气石主要有两种，一种是生长于石英内的细小柱状集合体，长约 6mm，直径约 2mm，最大直径宽约 8mm，可见球面三角形截面，肉眼可见色带[图 4-6(c)、图 4-6(d)]；另一种是黑电气石和石英呈共生关系，近似“文象结构”，称电英岩[图 4-6(e)]。石榴子石粒径较大，2～15mm，部分直径可达 30mm，表面呈铁锈色，与羽状白云母集合体共生[图 4-6(f)]。

图 4-5　电气石伟晶岩野外特征

(a) Kfs 呈团块状集合体生长于 Ab 中，Grt 呈带状分布于 Ab 中；(b) 黑色 Tur 镶嵌生长于 Ms 中，具完整球面三角形截面；(c) 产于 Kfs 中的铁红色粗粒 Grt；(d) 岩脉边部羽状白云母集合体与 Grt 共生；Ab. 钠长石；Grt. 石榴子石；Kfs. 钾长石；Ms. 白云母；Tur. 电气石

3. 绿柱石伟晶岩

绿柱石伟晶岩产于左港水库，围岩为细粒花岗闪长岩($J_3^3\gamma\delta$)，与围岩接触界线截然。岩脉呈囊状延伸，宽 0.5～3m，采样岩脉宽约 3m，延伸长约 20m。岩脉新鲜，主要矿物为钠长石(35%)、钾长石(30%)、石英(20%)、白云母(10%)和黑云母(5%)，副矿物为石榴子石、绿柱石。钠长石为浅灰白色和淡绿色。钾长石中含出溶条纹，可见文象结构，最大可达 25cm×50cm。石英呈他形粒状，局部见烟灰色石英集合体。石榴子石呈酒红色，玻璃光泽，透明度较高，粒径 1～8mm，呈团粒状、带状生长于钠长石中及钾长石边部。绿柱石呈浅蓝绿色生长于钾长石中，透明度较高，部分裂隙发育，整体保存较好(图 4-7)。

4. 绿柱石-铌钽铁矿伟晶岩

绿柱石-铌钽铁矿伟晶岩出露于断峰山北缘七家山地区，曾作为长石矿开采，破坏严重。岩脉围岩为含石榴子石二云片岩[图 4-8(a)]。伟晶岩主要矿物为钠长石(35%)、钾长石

图 4-6 绿柱石-电气石伟晶岩野外特征

(a)浅黄绿色簇状 Brl 集合体；(b)浅绿色簇状 Brl 集合体，具六边形横截面；(c)生长于 Qtz 中的蓝绿色 Tur 柱状集合体；(d)色带 Tur 球形三角形截面，边部为暗绿色，核部为黑色；(e)黑色 Tur 与 Qtz 共生，类似"文象结构"；(f)岩脉边部羽状 Ms 集合体与 Grt 共生；Brl. 绿柱石；Grt. 石榴子石；Ms. 白云母；Qtz. 石英；Tur. 电气石

(30%)、石英(25%)和白云母(10%)，含少量绿柱石和石榴子石。与左港水库和断峰山峡沟处伟晶岩脉比较，石英含量明显增多，并出现金属矿物，如黄铁矿、闪锌矿和铌钽铁矿，钠长石风化为灰白色，未见完好形态。钾长石呈肉红色，粒径 3～5cm，偶见近 30cm 钾长石巨晶。石英呈块状和脉状产出，石英脉宽约 20cm，石英脉中可见石榴子石、绿柱石、黄铁矿及少量铌钽铁矿。石榴子石为铁红色，表面粗糙，裂隙发育，粒径约 8mm，最大粒径约 20mm。绿

图 4-7　绿柱石伟晶岩野外特征

(a)花岗伟晶岩脉($\gamma\rho$)与细粒花岗闪长岩($J_3^3\gamma\delta$)接触;(b)Qtz 与 Kfs 共生呈文象结构;(c)Ab 与 Kfs 呈渐变过渡及浅绿色 Brl,Kfs 中发育文象结构;(d)生长于 Kfs 边部的酒红色 Grt;(e)生长于灰白色 Ab 中的酒红色 Grt;(f)生长于钾长石中的浅灰绿色 Brl;Ab. 钠长石;Brl. 绿柱石;Grt. 石榴子石;Kfs. 钾长石;Ms. 白云母;Qtz. 石英

柱石含量明显增多,形态完整,呈柱状单晶产出,为黄绿色和蓝绿色,横截面为六边形,直径约 20mm,最大直径可见 15cm,晶形较好者常常产于块状或脉状乳白色石英中(图 4-8)。

图 4-8　绿柱石-铌钽铁矿伟晶岩野外特征

(a)伟晶岩脉($\gamma\rho$)与围岩接触关系;(b)Brl 巨晶;(c)产于脉状 Qtz 中的 Brl;(d)产于脉状 Qtz 中的金属氧化物,裂隙发育;(e)产于块状 Qtz 中的 Grt,表面粗糙,裂隙发育;(f)Col-Tan 颗粒;Brl. 绿柱石;Grt. 石榴子石;Kfs. 钾长石;Ms. 白云母;Py. 黄铁矿;Qtz. 石英;Col-Tan. 铌钽铁矿

(二)岩相学特征

断峰山地区伟晶岩矿物颗粒较大,镜下多为单矿物,矿物组合难以显示,下文对不同类

型岩脉中特征矿物的镜下特征进行描述。

1. 电气石

电气石伟晶岩中铁电气石薄片可见球面三角形断面[图 4-9(a)]。单偏光镜下,电气石垂直 c 轴切面颜色较深,不均匀,为暗黑色,缩小光圈,增强光照强度可见黑色电气石呈蓝灰色,正中突起。部分电气石色带发育,可见淡蓝灰色—淡黄褐色色带交替产出[图 4-9(b)],横截面中可见铁电气石核部为淡蓝色,边部为蓝灰色。

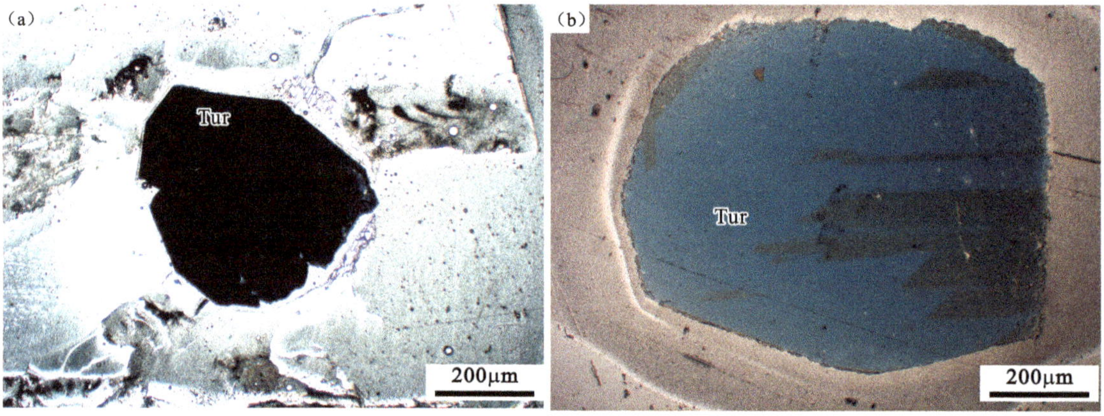

图 4-9　电气石伟晶岩中电气石(Tur)镜下照片(单偏光)

(a)Tur 球面三角形截面,颜色较深;(b)Tur 横截面,表面光滑,整体灰蓝色,具黄褐色色带

电气石-绿柱石伟晶岩中电气石较为丰富。其横截面多为球面三角形,可见多层色带,核部为灰黄色,边部为蓝黑色,最多发育 5 层色带,由边部至核部色带颜色变化为浅灰白色→灰白色→蓝黑色→浅蓝灰色→浅蓝灰色等边三角形,正交镜下颜色加深,整体变化不明显。电气石纵截面呈柱状、放射状集合体产出,裂隙发育,正中—正高突起,具淡黄色—浅绿色多色性,无解理,垂直裂隙发育,最高干涉色可达Ⅰ级黄,近平行消光,部分电气石溶蚀成筛状,其内生长有石英颗粒(图 4-10)。

2. 白云母

伟晶岩脉中白云母十分发育,但多蚀变,仅选取左港水库绿柱石伟晶岩中的白云母为代表进行描述。白云母镜下无色,保存较好,呈长条形切面,有轻微蚀变,片径约 1mm,正中突起,可见细密解理纹,干涉色鲜艳明亮,可见Ⅱ级绿干涉色,近平行消光(图 4-11)。

3. 石榴子石

电气石-绿柱石伟晶岩中石榴子石颗粒较大[图 4-12(a)],镜下仅可见石榴子石一部分。单偏光镜下浅红色,接近无色,正高突起,裂隙极为发育,交叉纵横呈网状,裂隙内较为干净,仅见少量包体,未见矿物交代现象。

绿柱石伟晶岩石榴子石颗粒较小[图 4-12(b)],直径为 0.5～1mm,呈粒状集合体产

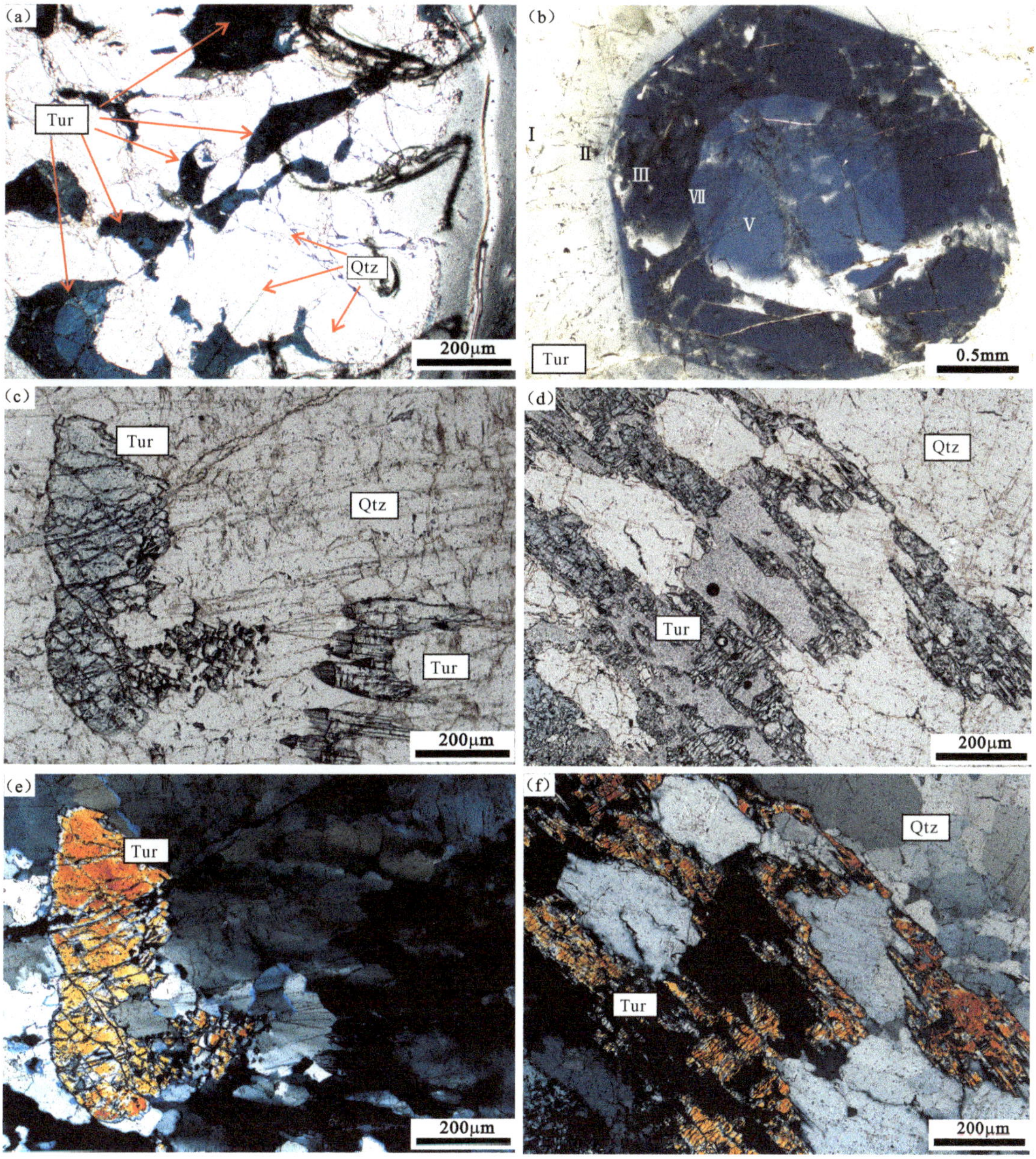

图 4-10　绿柱石-电气石伟晶岩中电气石镜下照片

(a)Tur 核部为蓝灰色，边部为蓝黑色(单偏光)；(b)色带 Tur，具浅灰白色—灰白色—蓝黑色—浅蓝灰色(核部浅蓝灰色)等边三角形色带(单偏光)；(c)、(d)Tur 呈浅蓝绿色，溶蚀严重，形态保存不完整(单偏光)；(e)、(f)Tur Ⅰ级黄干涉色，溶蚀严重(正交)；Tur. 电气石；Qtz. 石英

出，单偏光镜下为浅红色，正高突起，可见六边形截面，部分石榴子石溶蚀成筛状和港湾状，正交镜下全消光。

图 4-11　白云母-绿柱石伟晶岩中白云母在单偏光镜下(a)和正交镜下(b)的照片

Grt. 石榴子石;Kfs. 钾长石;Ms. 白云母;Qtz. 石英

绿柱石-铌钽铁矿伟晶岩中石榴子石颗粒较大[图 4-12(c)],未见完整颗粒,单偏光镜下浅暗红色,接近无色,正高突起,裂隙发育。

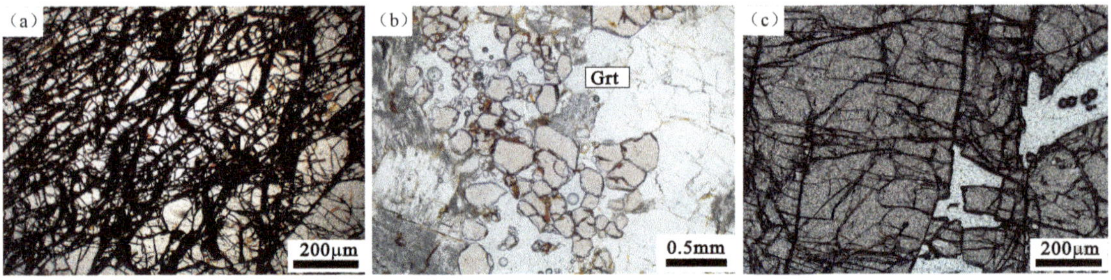

图 4-12　断峰山地区伟晶岩脉石榴子石(Grt)镜下照片

(a)电气石-绿柱石伟晶岩中浅红色 Grt,裂隙极为发育(单偏光);(b)绿柱石伟晶岩中浅红色 Grt 被溶蚀成筛状、港湾状(单偏光);(c)绿柱石-铌钽铁矿伟晶岩中暗红色 Grt,裂隙极为发育(单偏光)

4. 绿柱石

断峰山地区伟晶岩脉中绿柱石均有轻微风化,呈浅灰黄色、蓝灰色和浅蓝绿色,晶形完整,呈柱状单晶或集合体产出。电气石-绿柱石伟晶岩中绿柱石为浅灰黄色,呈柱状集合体产出,风化较为严重,单偏光下无色,正低突起,无多色性,部分可见六边形截面[图 4-13(a)],直径约 0.5mm,正交镜下干涉色为Ⅰ级灰。绿柱石伟晶岩中绿柱石保存较好,单偏光镜下为浅灰色[图 4-13(b)],可见轻微蚀变,正交镜下见Ⅰ级灰干涉色。绿柱石-铌钽铁矿伟晶岩中的绿柱石在单偏光镜下可见两层色带发育,核部蚀变严重[图 4-13(c)],边部保存较好,在单偏光镜下为浅灰色。

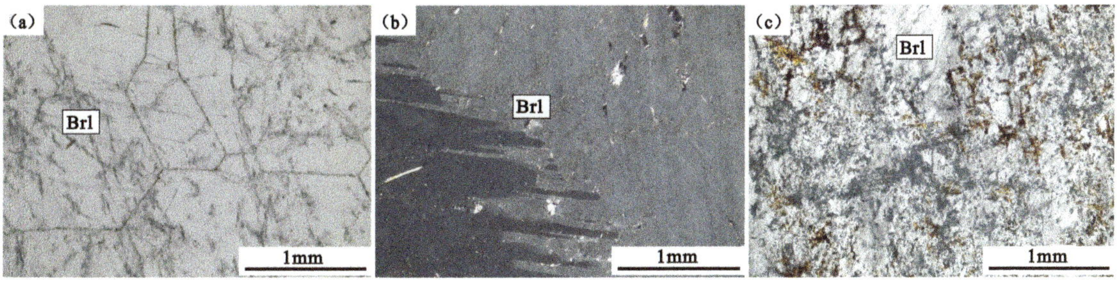

图 4-13　断峰山地区伟晶岩脉绿柱石(Brl)镜下照片

(a)电气石-绿柱石伟晶岩 Brl 中,见多边形截面(单偏光);(b)绿柱石伟晶岩 Brl,Ⅰ级灰干涉色(正交镜);(c)绿柱石-铌钽铁矿伟晶岩中,Brl 蚀变较为严重(单偏光)

(三)矿物生成序列

野外调查和岩相学研究表明,断峰山地区不同伟晶岩脉矿物组合存在差异,生成序列也有先后变化。从电气石伟晶岩→电气石-绿柱石伟晶岩→绿柱石伟晶岩→绿柱石-铌钽铁矿伟晶岩中,钾长石和白云母含量减少,钠长石含量增多,石英和绿柱石逐渐增多,绿柱石-铌钽铁矿伟晶岩中开始富集铌钽铁矿等金属矿物,这与岩浆结晶分异过程十分吻合,因此,幕阜山西北缘断峰山地区伟晶岩脉演化序列为电气石伟晶岩→电气石-绿柱石伟晶岩→绿柱石伟晶岩→绿柱石-铌钽铁矿伟晶岩(表 4-3)。

表 4-3　断峰山地区伟晶岩脉矿物生成序列图

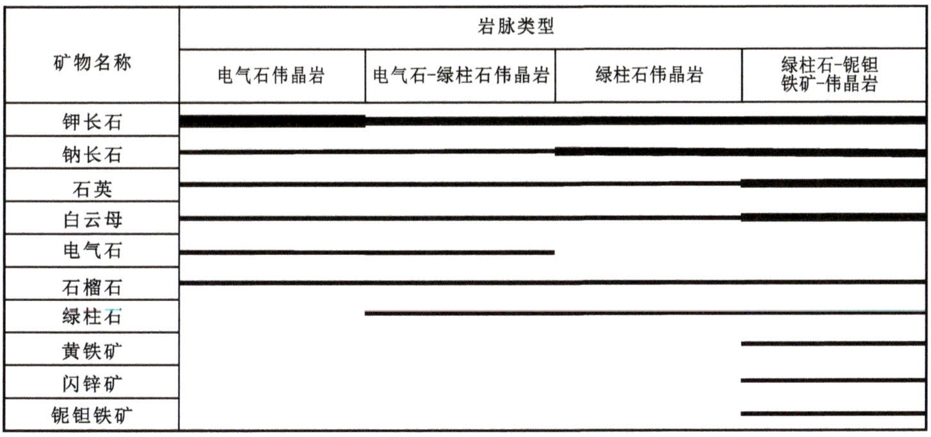

注:大量出现;较多出现;较少出现。

二、仁里地区伟晶岩

（一）矿床地质特征

仁里矿区位于幕阜山岩体南缘，伟晶岩主要分布于黑云二长花岗岩与围岩内外接触带中，受北东向和北北西向断裂控制，呈脉状和不规则脉状产出（图 4－14）。前人统计该地区发育伟晶岩脉 140 条，以微斜长石伟晶岩、微斜长石-钠长石伟晶岩、钠长石伟晶岩、锂辉石-钠长石伟晶岩为主（周芳春等，2017），文象结构、交代结构和交代残余结构发育，除含长石、石英、云母等常见造岩矿物外，还含锂电气石、锂云母、铌钽铁矿、锂辉石、绿柱石等副矿物，形成超大型铌钽锂多金属矿床（Li et al.，2020）。

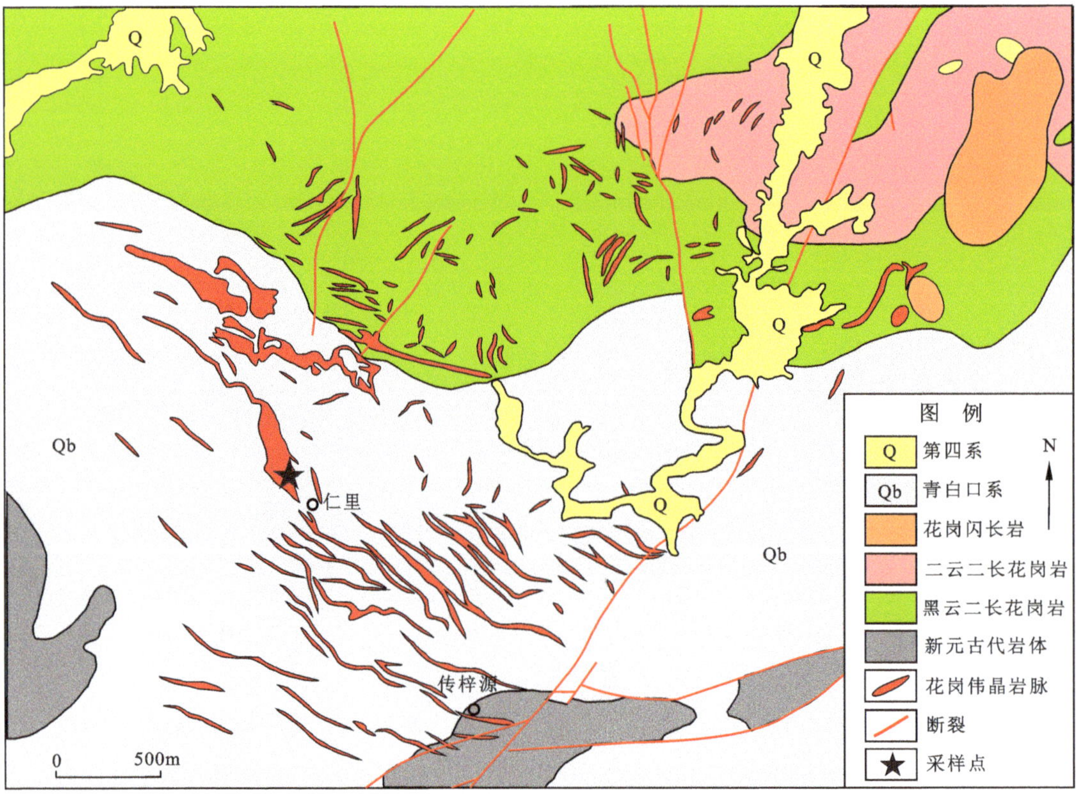

图 4－14　仁里地区伟晶岩脉分布图（据周芳春等，2017；刘翔等，2018）

本次所采岩脉为锂电气石-锂云母（Elb－Lpd）伟晶岩，手标本为浅粉红色，伟晶结构和细粒结构均有发育，块状构造，矿物组合包括钾长石、钠长石、石英、锂云母、锂电气石、绿柱石及石榴子石等，以锂电气石和锂云母的出现为特征。锂电气石紫红色，呈簇状、放射状分布，玻璃光泽，长 1～3cm，截面直径 0.5cm，晶面纵纹发育[图 4－15(a)]。锂云母为暗粉红

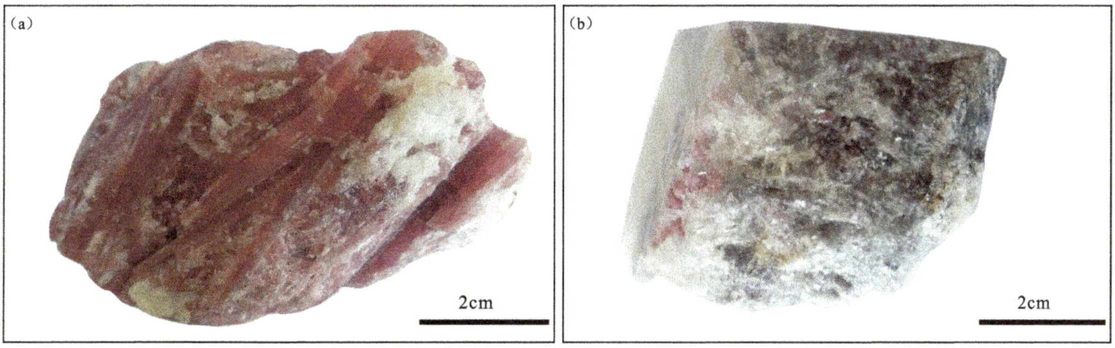

图 4-15 锂电气石(Elb)和锂云母(Lpd)手标本特征
(a)紫红色 Elb 呈柱状集合体产出;(b)紫红色 Lpd 呈细小鳞片状集合体产出

色,呈鳞片状集合体产出,直径约 0.4cm[图 4-15(b)]。

(二)岩相学特征

锂电气石镜下多为平行于 c 轴切面,长柱状,单偏光镜下可见浅淡黄色—玫瑰红色多色性,正中突起,垂直于 *c* 轴方向裂隙发育,裂隙被石英充填,横截面可见球面三角形,石英为浅淡黄色—黄褐色多色性,裂隙发育[图 4-16(a)、图 4-16(c)]。正交镜下为Ⅰ级紫红干涉色,近平行消光[图 4-16(b)、图 4-16(d)]。锂云母镜下颜色较浅,具淡黄色—浅玫瑰红色多色性,正低—正中突起[图 4-16(a)、图 4-16(c)、图 4-16(e)],可见细密解理纹。正交镜下颜色鲜艳,最高干涉色可达Ⅱ级紫红[图 4-16(b)、图 4-16(d)、图 4-16(f)]。

第四节 伟晶岩矿物化学特征

由于伟晶岩矿物颗粒较大,且在同一条岩脉内存在矿物分带现象,因此,较难获得能代表全岩成分的样品。也正因为伟晶岩脉矿物颗粒较大,如电气石、绿柱石等,可以尝试分析不同类型伟晶岩脉特征矿物的元素含量,来探讨伟晶岩成因及稀有金属富集规律。本书以断峰山地区各类型岩脉中同时出现的电气石、云母、石榴子石、绿柱石为研究对象,并以仁里矿区的电气石、云母和钾长石为对比,查明不同矿区含矿性差异,探讨断峰山地区的含矿潜力。

样品测试详见表 4-4,其中单矿物主量元素电子探针成分分析在中国地质大学(武汉)地质过程与矿产资源国家重点实验室利用配备有 4 道波谱仪的 JEOL JXA-8100 电子探针仪完成。单矿物微区原位微量元素分析在武汉上谱科技分析有限公司利用 LA-ICP-MS 完成。电气石晶体化学式计算参考 Henry et al.(1985)。

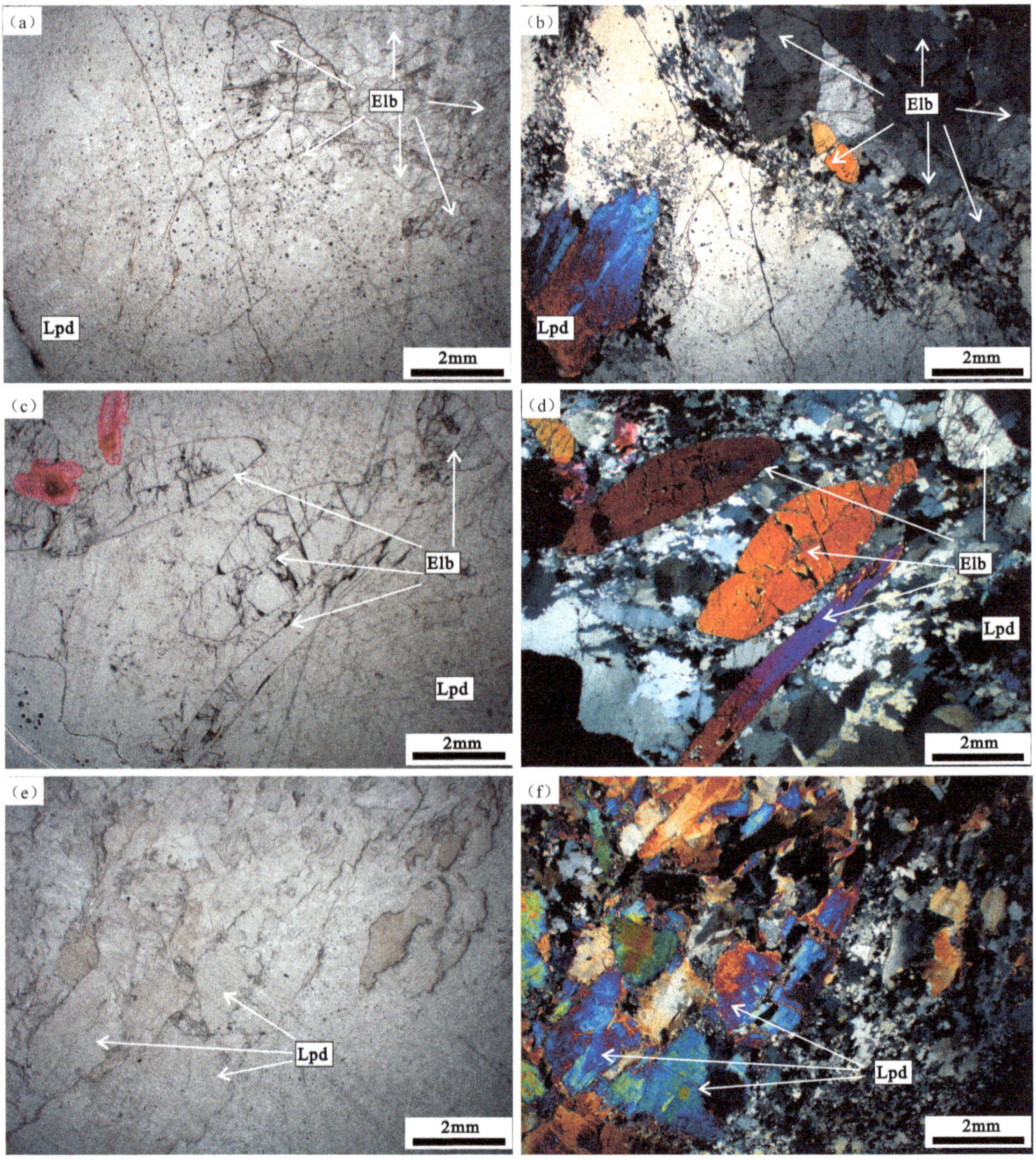

图 4-16 仁里矿区锂电气石(Elb)和锂云母(Lpd)镜下照片

(a)Elb纵切面和横切面,正中突起(单偏光);(b)Elb纵切面Ⅰ级紫红干涉色,横切面可见Ⅰ级灰白干涉色(正交光);(c)Elb纵切面和横切面,正高突起,Lpd颜色较浅,表面干净,细密解理纹(单偏光);(d)Elb纵切面Ⅰ级紫红干涉色,Lpd纵切面Ⅰ级紫红—Ⅱ级蓝干涉色(正交光);(e)Lpd纵切面,颜色较浅,表面干净,可见细密解理纹(单偏光);(f)Lpd纵切面,Ⅰ级紫红—Ⅱ级蓝干涉色(正交光)

表 4－4　幕阜山伟晶岩脉代表性矿物主微量元素分析清单

	矿物名称	产地	岩脉类型
主量元素	电气石	断峰山	Tur－伟晶岩
			Tur－Brl－伟晶岩
		仁里	Elb－Lpd－伟晶岩
	云母	断峰山	Brl－伟晶岩
		仁里	Elb－Lpd－伟晶岩
	石榴子石	断峰山	Tur－Brl－伟晶岩
			Brl－伟晶岩
			Brl－Col－伟晶岩
	绿柱石	断峰山	Tur－Brl－伟晶岩
			Brl－伟晶岩
			Brl－Col－伟晶岩
微量元素	电气石	断峰山	Tur－伟晶岩
			Tur－Brl－伟晶岩
		仁里	Elb－Lpd－伟晶岩
	云母	断峰山	Brl－伟晶岩
		仁里	Elb－Lpd－伟晶岩
	钾长石	断峰山	Brl－伟晶岩
		仁里	Elb－Lpd－伟晶岩

一、电气石

1. 主量元素

电气石伟晶岩中电气石以相对较低的 Si[6.49～6.72，原子数（下同）]、Al(6.50～7.10)，中等程度的 *X* 位[Na+K](0.63～0.71)，较高的 *Y* 位 Fe(2.14～2.25)、Mg(0.07～0.08)、Ti(0.02)，中等程度的 Mn(0.04)、*W* 位较低的 F(0.10～0.22)为特征。

电气石-绿柱石伟晶岩中电气石以中等程度的 Si(6.41～6.83)、Al(7.05～7.79)，*Y* 位中等程度 Mg(0.00～0.17)、Fe(0.59～2.28)，较高的 *X* 位[Na+K](0.57～0.88)和 *W* 位 F(0.06～0.73)为特征，相较于电气石伟晶岩，显示出 Si、Al 含量升高与 Fe、Mg 含量降低的特征，且各元素含量变化较为明显。

锂电气石-锂云母伟晶岩中电气石 Si(6.43～6.81)含量变化不明显，以偏高的 Al(7.90～8.63)，*Y* 位几乎不含 Mg、Ti 和低的 Fe(0.01～0.02)，*X* 位富集 Li(0.30～1.00)、

偏高的 Ca(0.03～0.16)、低的[Na+K](0.42～0.52),*W* 位以明显富集 F(0.14～0.55)为特征。

根据主量元素在电气石晶体结构中的占位情况可将电气石分为多个亚种(Henry et al.,1985),其中以黑电气石-镁电气石和黑电气石-锂电气石类质同象系列最为常见。首先根据电气石 *X* 位上主要占位元素(Na+K、Ca、$X_{空位}$)的关系,将电气石分为 3 类。断峰山地区伟晶岩中的电气石均为含碱基组电气石,仁里矿区伟晶岩中电气石大部分落在碱基组电气石中,少部分位于 $X_{空位}$ 组型电气石中,说明锂电气石也存在着一定的演化[图 4-17(a)]。通过 *Y* 位以及 *Z* 位上阳离子比[Fe/(Fe+Mg)]和 *X* 位上阳离子比[Na/(Na+Ca)],碱基组电气石可分为黑电气石和镁电气石两种(Henry et al.,2011),在该图解中,所有电气石样品均落入黑电气石亚种区[图 4-17(b)]。在 Mg-2Li-Fe 分类图解中[图 4-17(c)],断峰山地区内电气石均落在铁电气石端元,仁里地区内电气石位于锂电气石端元。

2. 微量元素

幕阜山伟晶岩电气石微量元素中,Li、Be、B 等含量高,稀土元素含量低。电气石伟晶岩、电气石-绿柱石伟晶岩与锂电气石-锂云母伟晶岩中电气石 Li 含量分别为(197～241)×10^{-6}、(130～8123)×10^{-6}、(11 873～13 148)×10^{-6},Be 含量分别为(6.9～8.4)×10^{-6}、(4～11)×10^{-6}、(15～25)×10^{-6},Ta 含量分别为(0.19～0.67)×10^{-6}、(0～2.02)×10^{-6}、(8～13)×10^{-6},Nb 含量分别为(0.78～1.65)×10^{-6}、(0.12～2.86)×10^{-6}、(7.6～12.3)×10^{-6}。仁里矿区电气石中 Li、Be、Nb、Ta 含量明显高于断峰山地区(图 4-18),故仁里地区含矿性高于断峰山地区。但断峰山地区电气石中 Li 含量有升高趋势,指示该区也具有富集锂矿的可能性。

二、云母

1. 主量元素

白云母和锂云母晶体化学成分基于 22 个氧计算,Li_2O 的计算方法参考 Monier et al.(1986),H_2O 的计算方法参考 Tindle et al.(1990)。数据显示,白云母和锂云母化学成分变化较大,相对于锂云母,白云母以较低的 SiO_2(45.59%～47.64%)、MnO(0.02%～0.05%)、K_2O(10.06%～10.75%)和 F(0.05%～0.58%)及较高的 TiO_2(0.19%～0.23%)、Al_2O_3(31.32%～32.18%)、FeO(4.11%～4.60%)、MgO(0.22%～0.74%)和 Na_2O(0.52%～0.58%)为特征,而锂云母则明显富集 Li_2O(3.34%～5.38%)和 F(3.32%～6.25%),其 SiO_2(45.39%～47.64%)、MnO(0.10%～0.20%)和 K_2O(10.57%～11.15%)含量有所增加,Al_2O_3(25.29%～31.40%)、FeO(0%～0.05%)、MgO(0～0.02%)和 Na_2O(0.31%～0.58%)含量偏低。在(Mg-Li)-(Fe+Mn+Ti-Al^{VI})图解中,两类云母都处于锂-铝云母系列中,断峰山地区云母为多硅白云母,仁里地区云母为锂-白云母系列(图 4-19)。

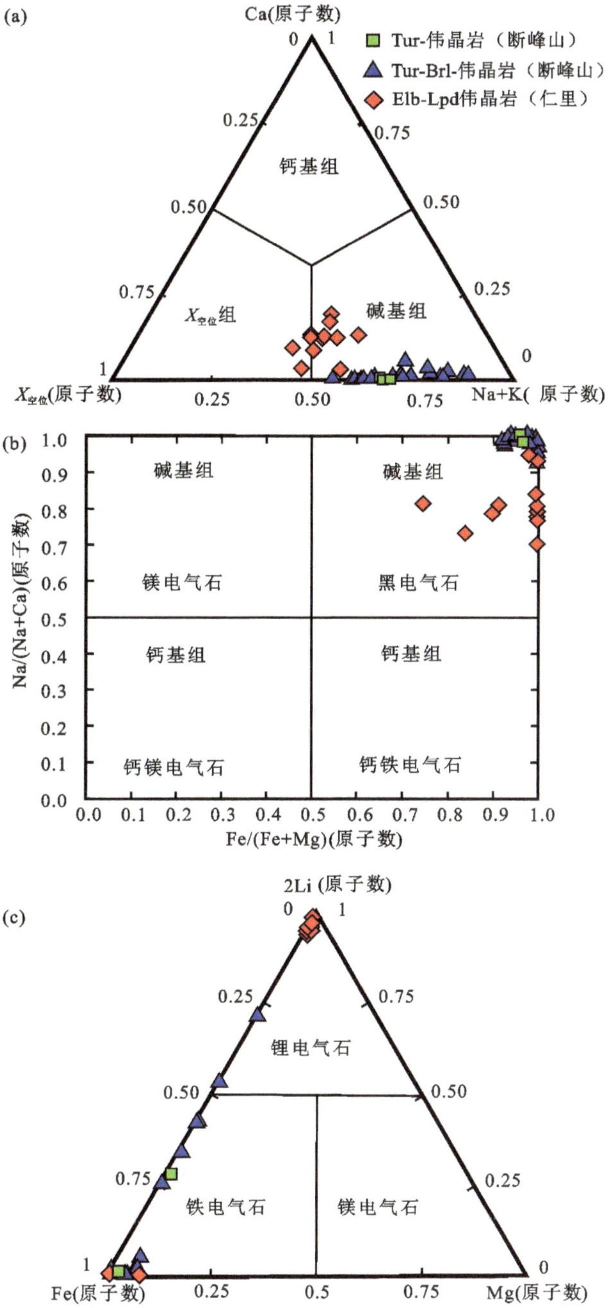

图 4-17 电气石分类命名图解

(a)电气石 X 位占位元素分类命名图解(底图据 Henry et al.,1985)；(b)电气石 Fe/(Fe+Mg)-Na/(Na+Ca)分类命名图解(底图据 Henry et al.,2011)；(c)电气石 Fe-2Li-Mg 命名图解(底图据 Henry et al.,2011)

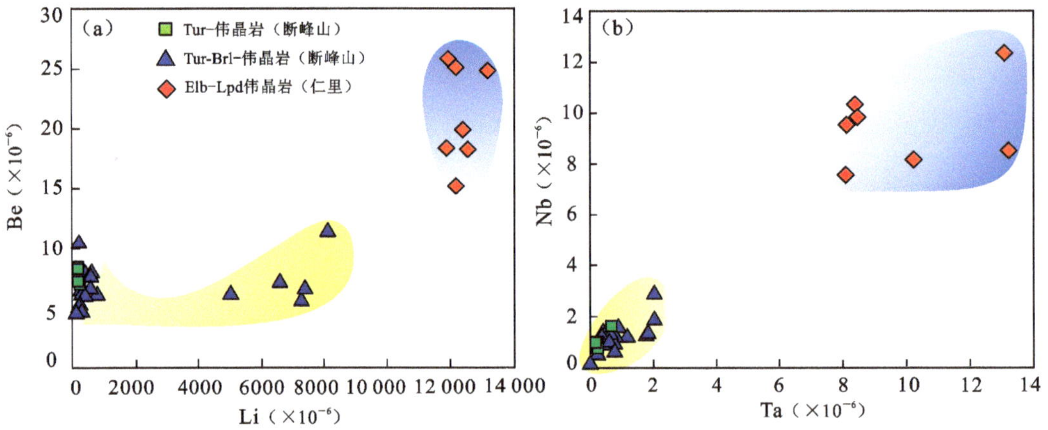

图 4-18　幕阜山伟晶岩脉电气石 Be-Li 图解和 Nb-Ta 图解

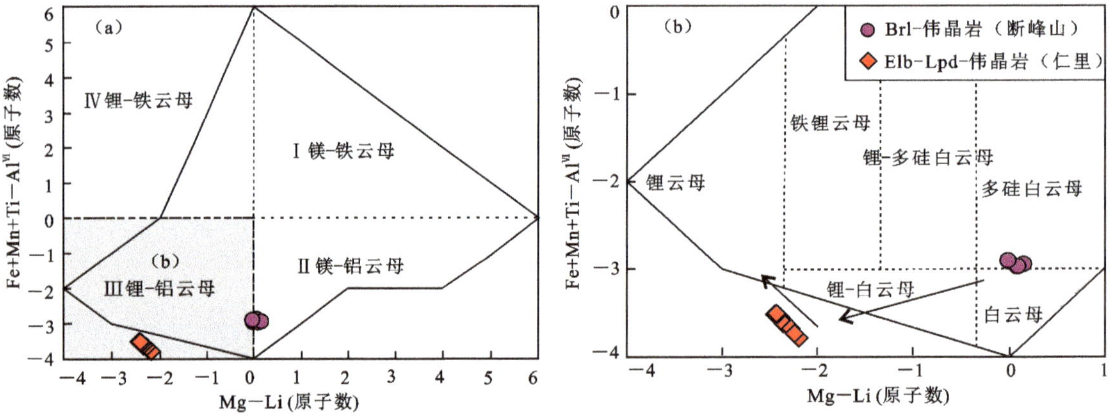

图 4-19　幕阜山伟晶岩云母化学成分演化图(底图据 Tischendorf et al.,1997)

(a)云母端元分类图解;(b)锂-铝云母系列演化图解

2. 微量元素

白云母和锂云母中 Be、Nb 含量整体变化不大,白云母中 Li 含量为(478～500)$\times10^{-6}$,Rb 含量为(1342～1413)$\times10^{-6}$,Cs 含量为(40～43)$\times10^{-6}$,Ta 含量为(9～11)$\times10^{-6}$,Sn 含量为(78～82)$\times10^{-6}$,Zn 含量为(239～265)$\times10^{-6}$。锂云母中 Li 高达(19 084～35 490)$\times10^{-6}$,Rb 含量为(4515～5762)$\times10^{-6}$,Cs 含量为(5075～7658)$\times10^{-6}$,Ta 含量为(156～254)$\times10^{-6}$,Sn 含量仅为(22～34)$\times10^{-6}$,Zn 含量为(6～19)$\times10^{-6}$。如图 4-20、图 4-21 所示,仁里矿区云母更加明显的富集 Li、Be、Cs、Rb、Ta、Nb 等碱金属元素,而 Zn 和 Sn 含量较低,指示仁里矿区伟晶岩的含矿性可能高于断峰山地区。

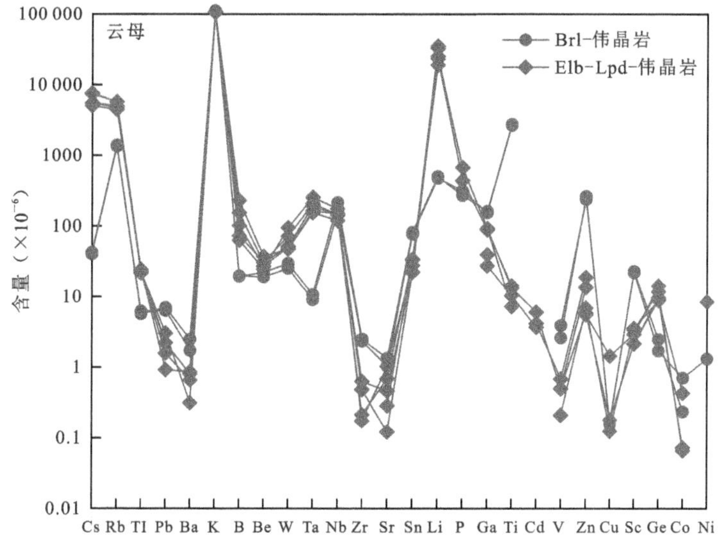

图 4－20　伟晶岩云母微量元素蛛网图

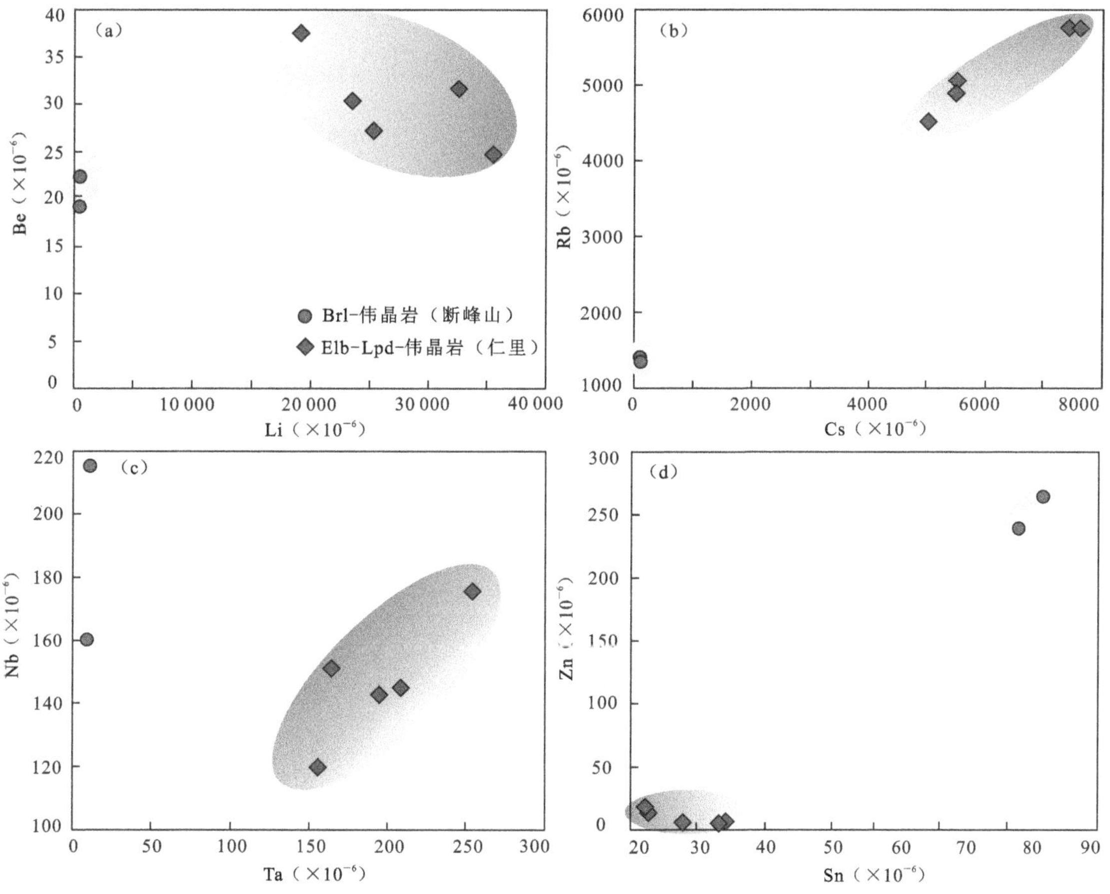

图 4－21　幕阜山伟晶岩云母 Li－Be 图解(a)、Cs－Rb 图解(b)、Ta－Nb 图解(c)、Sn－Zn 图解(d)

三、长石

微量元素

钾长石微量元素含量较低，绿柱石伟晶岩中钾长石 Li 含量仅$(17\sim24)\times10^{-6}$，Be 含量$(0.22\sim2.18)\times10^{-6}$，Rb 含量$(1158\sim1222)\times10^{-6}$，Cs 含量$(81\sim93)\times10^{-6}$，Ta 含量$(0.01\sim0.02)\times10^{-6}$，Pb 含量$(124\sim133)\times10^{-6}$。锂电气石-锂云母伟晶岩中钾长石 Li 含量$(99\sim209)\times10^{-6}$，Be 含量$(3.21\sim6.09)\times10^{-6}$，Rb 含量$(2161\sim2432)\times10^{-6}$，Cs 含量$(107\sim554)\times10^{-6}$，Ta 含量$(0.01\sim0.04)\times10^{-6}$，Pb 含量$(56\sim71)\times10^{-6}$。仁里矿区钾长石 Li、Be、Rb、Cs 含量要高于断峰山矿区钾长石(图 4－22、图4－23)。

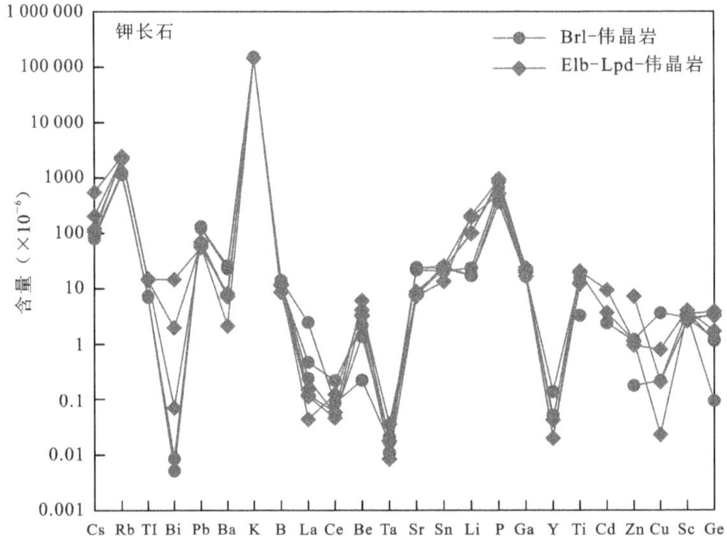

图 4－22　伟晶岩脉长石微量元素蛛网图(未标准化)

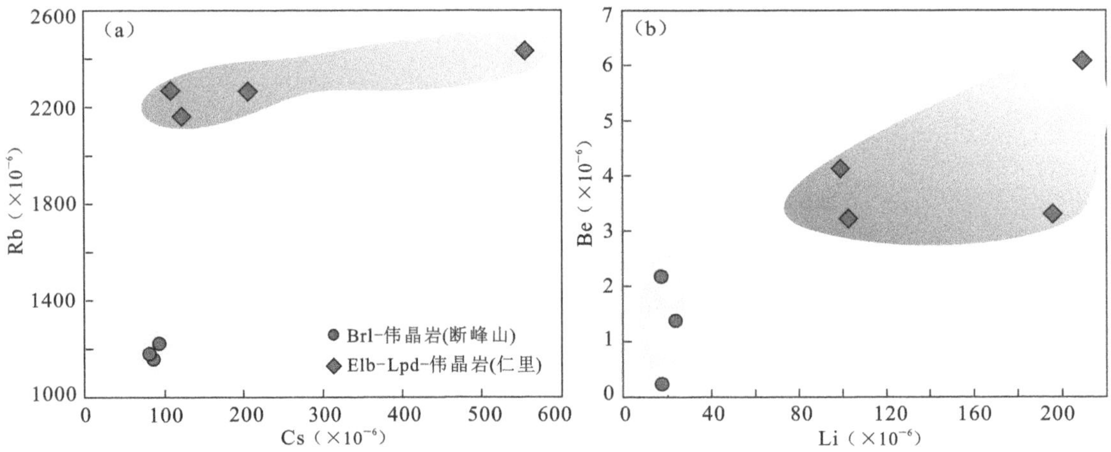

图 4－23　幕阜山伟晶岩钾长石 Cs－Rb 图解(a)、Li－Be 图解(b)

四、石榴子石

主量元素

石榴子石化学成分较为均一，几乎不含 F、Cl 等挥发分，晶体化学式基于 18 个氧进行计算。本次工作对不同石榴子石边部和核部均进行了测试，结果表明：

（1）幕阜山伟晶岩脉中的石榴子石在同一类岩脉中成分较为均一，化学成分在边部和核部没有明显变化，晶体化学式计算结果表明石榴子石主要为铁铝榴石和锰铝榴石。

（2）不同岩脉中石榴子石化学成分变化显著，电气石-绿柱石伟晶岩中石榴子石含 FeO(25.82%～26.30%)、MnO(17.66%～18.14%)，石榴子石端元成分图解（图 4-24）表明该石榴子石主要成分为铁铝榴石。绿柱石伟晶岩中石榴子石为粒状单晶集合体，含较低的 FeO 含量（18.06%～20.04%）和较高的 MnO 含量（22.2%～23.91%），其成分主要为锰铝榴石。绿柱石-铌钽铁矿伟晶岩中石榴子石以低 FeO 含量（16.95%～17.02%）、高 MnO 含量（25.92%～26.94%）为特征，主要为锰铝榴石。

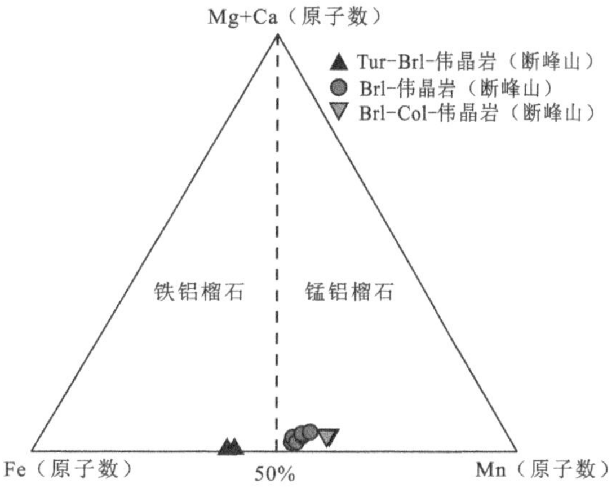

图 4-24　幕阜山北缘断峰山地区伟晶岩脉石榴子石端元成分图解

五、绿柱石

主量元素

绿柱石化学成分较为单一，由于电子探针无法测得 Li 和 Be 的含量，Li_2O 和 BeO 的含量根据 Li＝Na＋K＋Rb＋Cs 和 Be＝3－Li 计算所得（Wang et al.，2009），基于 Si＝6 计算晶体化学式。电子探针数据表明幕阜山伟晶岩脉中绿柱石整体化学成分较为一致，没有明显变化。绿柱石除含 SiO_2（65.30%～67.04%）、Al_2O_3（16.94%～17.93%）、BeO（13.85%～19.93%）等主要化学成分外，还含有少量 FeO（0.38%～1.04%）、Na_2O（0.27%～0.51%）和极少量的 K_2O（0～0.06%），在不同岩脉中二者含量稍有变化。根据绿柱石中含碱（R^+）的多少可将绿柱石分为含碱绿柱石（$\sum R^+ > 0.5\%$）和不含碱绿柱石（$\sum R^+ < 0.5\%$）（王濮等，1982），本次研究样品在绿柱石-铌钽铁矿伟晶岩中多数落在含碱绿柱石范围内（图 4-25）。

六、铌钽铁矿

本次研究曾在绿柱石-铌钽铁矿伟晶岩中发现有黑色金属矿物，激光拉曼光谱表明该矿

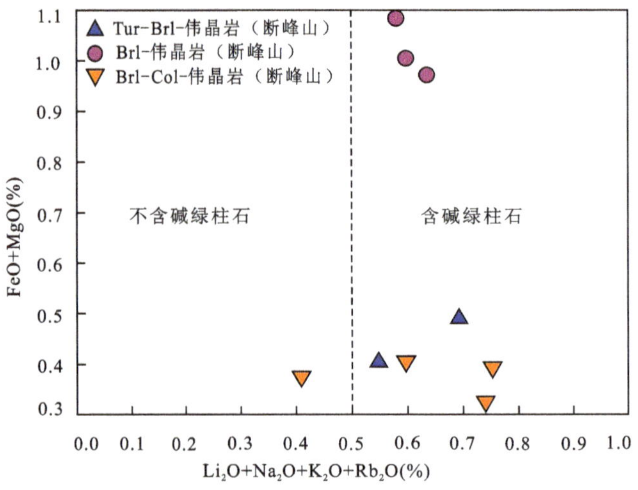

图 4-25　幕阜山断峰山地区伟晶岩脉绿柱石

$(Li_2O+Na_2O+K_2O+Rb_2O)-(FeO+MgO)$图解

物为铌铁矿(图 4-26)，绿柱石-铌钽铁矿伟晶岩表明伟晶岩已经演化至富集 Be、Nb、Ta 阶段。

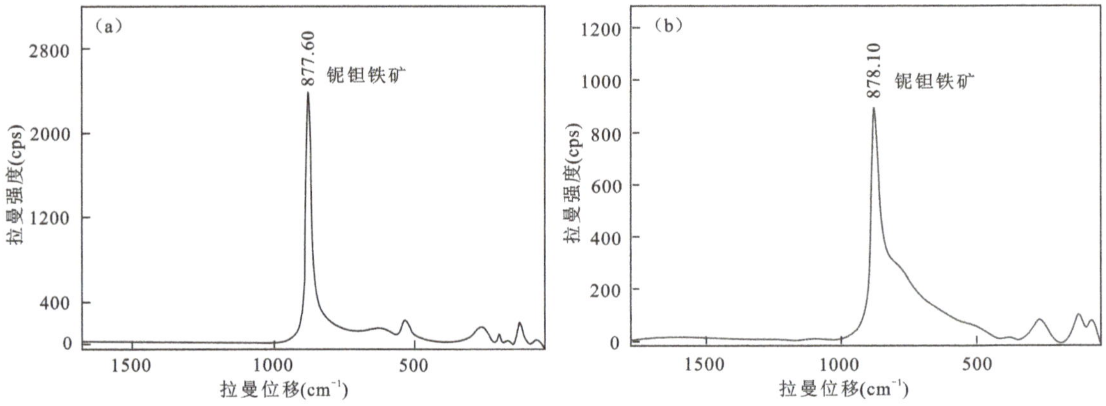

图 4-26　绿柱石-铌钽铁矿伟晶岩岩脉铌钽铁矿颗粒 1(a)和颗粒 2(b)拉曼波峰特征

第五节 伟晶岩演化序列及稀有金属成矿规律

一、伟晶岩脉的演化序列

1. 电气石对岩脉演化序列的制约

上述电子探针研究表明，幕阜山花岗伟晶岩中电气石为铁-锂电气石固溶体系列，随着岩浆演化，电气石呈现出 Fe 含量逐渐下降，Al、Li 以及挥发分含量逐渐增多的过程（图 4-27）。在岩浆型电气石中存在着从无碱铁电气石→铁电气石→锂电气石→无碱锂电气石的演化过程，并存在着广泛的类质同象系列（Henry et al.，1985）主要有以下 3 种置换关系：

(1) $X_{空位} + Y^{Al^{3+}} \rightleftharpoons X^{Na^+} + Y^{Fe^{2+}}$（无碱铁电气石→黑电气石）；

(2) $Y_3^{Fe^{2+}} \rightleftharpoons Y_{1.5}^{Al^{3+}} + Y_{1.5}^{Li^+}$（黑电气石→锂电气石）；

(3) $X^{Na^+} + Y_{0.5}^{Li^+} \rightleftharpoons X_{空位} + Y_{0.5}^{Al^{3+}}$（锂电气石→无碱锂电气石）。

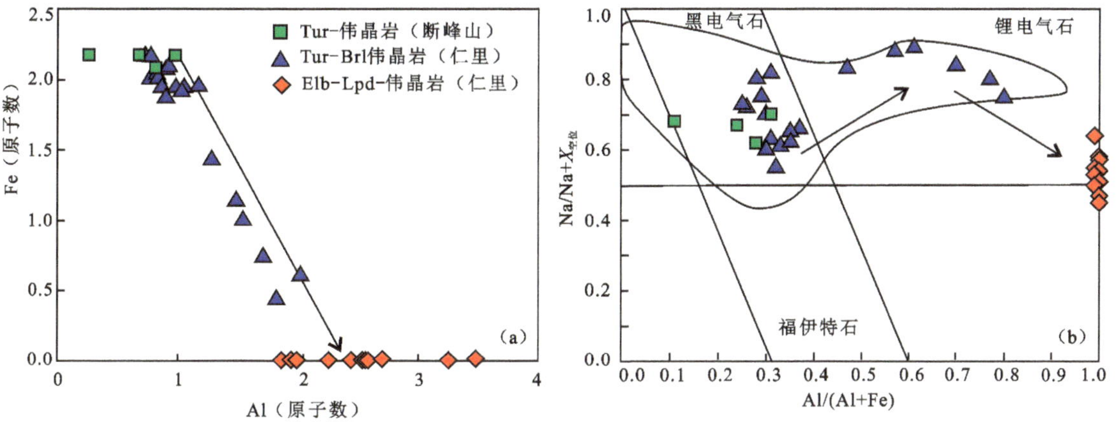

图 4-27 幕阜山伟晶岩电气石 Al-Fe 图解(a)和 Al/(Al+Fe)-Na/(Na+$X_{空位}$)图解(b)

（底图据 Henry ct al.，1985）

在电气石 Al-Fe 图解中，Al 含量与 Fe 含量具有明显的负相关性[图 4-27(a)]；在 Al/(Al+Fe)-Na/(Na+$X_{空位}$)图解中，电气石呈现由黑电气石向锂电气石演化的特征，反映演化过程中发生了 $Y^{Fe_3^{2+}} \rightleftharpoons Y^{Al_{1.5}^{3+}} + Y^{Li_{1.5}^{+}}$ 的离子置换。锂电气石处于锂电气石→无碱锂电气石系列，表明该电气石中存在 $X^{Na^+} + Y^{Li_{0.5}^{+}} \rightleftharpoons X_{空位} + Y^{Al_{0.5}^{3+}}$ 的置换关系[图 4-27(b)]。以上信息表明断峰山地区含电气石岩脉之间演化序列是电气石伟晶岩→电气石-绿柱石伟晶岩，而仁里地区锂电气石-锂云母伟晶岩则处于演化更晚期。

2. 云母对岩脉演化序列的制约

一般认为云母中微量元素的变化可以反映伟晶岩分异演化程度，即伴随演化程度加剧，云母中 Li、Be、Rb、Cs 等含量升高，K 含量降低(Selway et al.,2005；周起凤等，2013)。断峰山地区绿柱石伟晶岩中云母 K/Rb 值为 80～83，仁里矿区锂电气石-锂云母伟晶岩中锂云母 K/Rb 为 18～24，结合云母 Cs - K/Rb 图解，断峰山地区绿柱石伟晶岩尚处于成矿早期，而仁里矿区锂电气石-锂云母伟晶岩演化程度远高于断峰山绿柱石伟晶岩(图 4 - 28)。

3. 钾长石对岩脉演化序列的制约

钾长石中微量元素的变化同样可以用于厘定伟晶岩的演化顺序(Selway et al.,2005；周起凤等，2013；Tang et al.,2018)。相关数据表明，钾长石也存在着明显的 K/Rb 值含量变化，绿柱石伟晶岩中钾长石 K/Rb 值为 122～129，锂电气石-锂云母伟晶岩中钾长石 K/Rb 值为 61～68。在钾长石 Cs - K/Rb 图解中，同样显示了锂电气石-锂云母伟晶岩的演化程度高于绿柱石伟晶岩(图 4 - 29)。

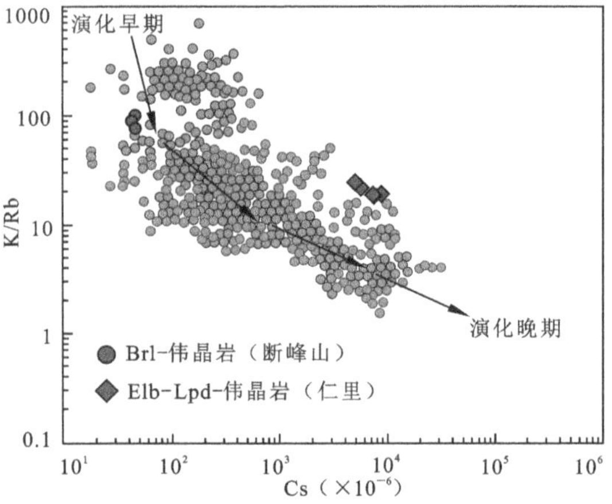

图 4 - 28 幕阜山伟晶岩脉云母 Cs - K/Rb 图解(据 Selway et al.,2005)

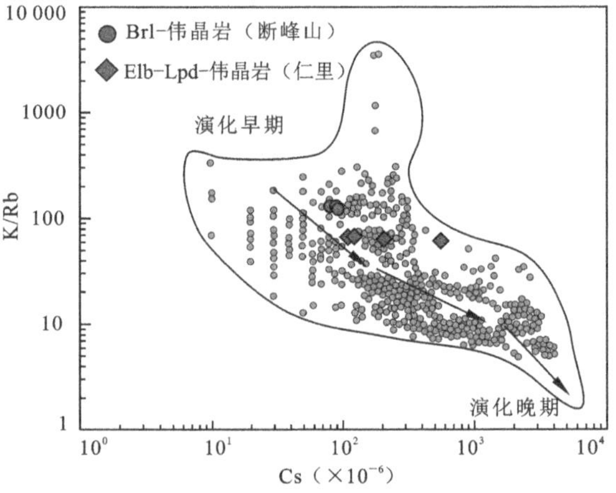

图 4 - 29 幕阜山伟晶岩脉钾长石 Cs - K/Rb 图解(据 Selway et al.,2005)

4. 石榴子石对岩脉演化序列的制约

石榴子石中 Mn/Fe 的变化也可以反映出伟晶岩的演化程度(Mannin et al.,1983；吕正航等，2017)，随着岩浆演化 Mn/Fe 比值逐渐增大，石榴子石逐渐变为锰铝榴石。石榴子石电子探针数据表明从电气石-绿柱石伟晶岩到绿柱石伟晶岩再到绿柱石-铌钽铁矿伟晶岩，石榴子石化学成分 Fe 含量在逐渐降低，Mn 含量逐渐升高，成分由铁铝榴石向锰铝榴石转变。在石榴子石 Fe/(Fe+Mn)- Mg 图解显示岩脉演化序列为电气石-绿柱石伟晶岩—绿柱石伟晶岩—绿柱石-铌钽铁矿伟晶岩(图 4 - 30)。

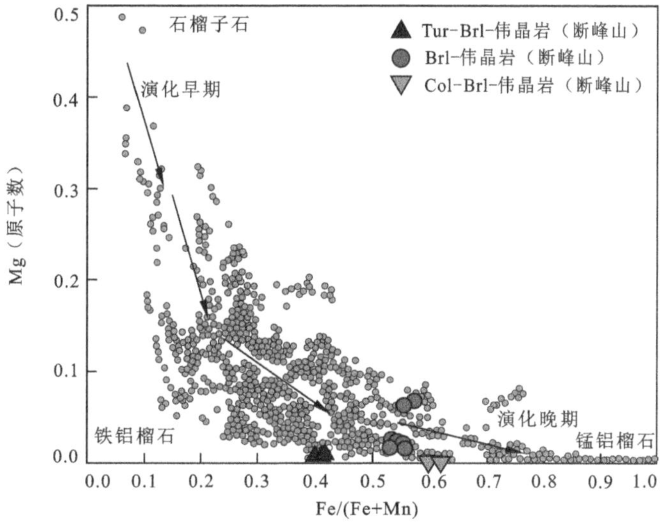

图 4-30　断峰山地区伟晶岩脉石榴子石 Fe/(Fe+Mn)-Mg 图解

（据 Selway et al.,2005）

二、含矿性对比研究与成矿规律

伴随着岩浆的演化，稀有元素等的富集会呈现一定分带性，早期伟晶质熔体不含矿，随着熔体的不断演化依次出现 Be 矿化→Be、Nb、Ta 矿化→Li、Pe、Nb、Ta 矿化→Li、Cs、Be、Ta、Nb 矿化的过程(Cerny,1991a)。稀有元素矿化过程伴随着特征矿物的出现，本书通过对比幕阜山北缘断峰山与南缘仁里两个地区电气石、云母、钾长石化学成分上的差异，厘定伟晶岩的化学演化阶段，并对断峰山地区的含矿性进行初步评价。

1. 电气石对矿化的启示

通过上述分析可知，断峰山地区与仁里地区伟晶岩中电气石之间存在着较为明显的演化关系，电气石 Ca-Fe-Mg 三角图解显示断峰山地区电气石形成于贫锂花岗岩、伟晶岩中，而仁里地区电气石则明显表现出富锂特征(图 4-31)。锂电气石的出现可以作为一种矿化标志。那么断峰山地区伟晶岩脉中的电气石是否具有富锂倾向，是否有成矿潜力呢？

断峰山电气石-绿柱石伟晶岩中发育有色带电气石，自核部至边部发育 5 层色带，依次为浅蓝灰色→蓝灰色→深蓝灰色→浅蓝白色→灰白色(图 4-32)，色带变化特征记录了岩脉演化过程中结晶分异过程。本书对色带电气石边部—核部进行了连续矿物原位主量、微量元素分析。主量元素结果表明，电气石核部 FeO 含量高，由核部至边部总体呈现出 FeO 含量逐渐降低，SiO_2、Al_2O_3、MnO、CaO、Na_2O 以及挥发分 F、B 等含量均有所升高的趋势(图 4-33)。这也表明电气石结晶过程中挥发分 F 会随着演化的进行逐渐在边部富集，且在结晶至边部时存在着 Fe 的相对升高和 Mn 的相对降低，可能是石榴子石的结晶对组分中

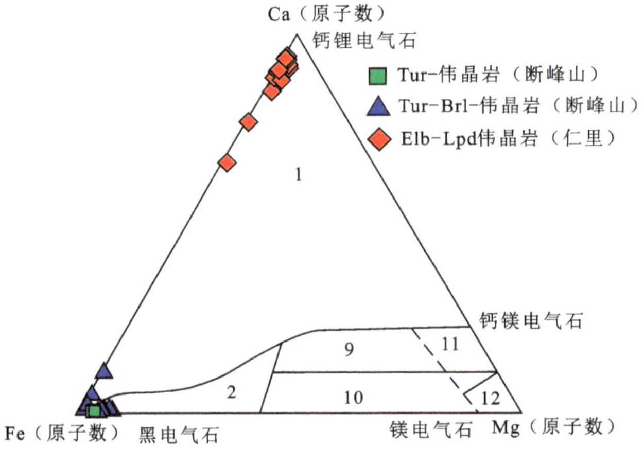

图 4-31　幕阜山伟晶岩脉电气石 Ca-Fe-Mg 三角图解(据 Henry et al., 1985)

1. 富 Li 的花岗岩和伟晶岩、细晶岩；2. 贫 Li 的花岗岩和伟晶岩、细晶岩；9. 富 Ca 的变质泥岩、砂岩和钙硅酸盐；10. 贫 Ca 的变质泥岩、砂岩和石英-电气石岩；11. 变质碳酸盐岩；12. 变质镁铁质岩石

Fe/Mn 比值造成的影响。边部存在 Na 和 K 先后降低的情况，说明结晶过程中钠长石成分先达到饱和而晶出，钠长石的晶出使组分中钠长石成分相对降低，钾长石成分相对含量升高，最终钾长石成分达到饱和而晶出。

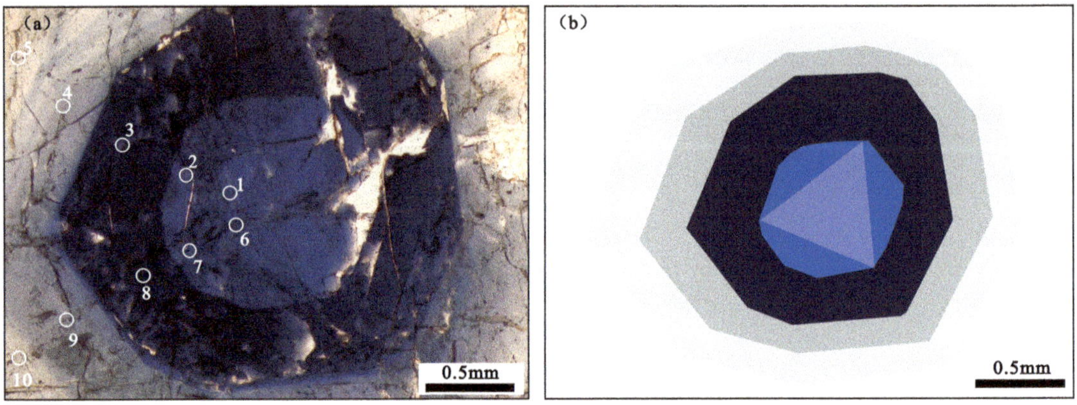

图 4-32　色带电气石化学成分分析点示意图(a)和素描图(b)

表 4-5 Tur-Brl-伟晶岩色带电气石微量元素特征(×10⁻⁶)

元素	核部——→边部					核部——→边部				
点号	1	2	3	4	5	6	7	8	9	10
Cs	0.25	0.00	0.00	0.00	0.00	0.10	0.12	0.64	0.25	0.01
Rb	0.05	0.16	0.04	0.22	0.33	0.00	0.17	0.00	0.00	0.00
Bi	0.01	0.00	0.01	0.41	0.53	0.02	0.04	0.14	0.48	0.84
Pb	6.40	3.41	6.91	47.07	58.79	3.72	7.01	64.34	53.65	61.25
Ba	0.00	0.17	0.00	0.09	0.09	0.24	0.00	0.00	0.00	0.10
K	426	393	470	294	267	447	490	333	271	264
B	10 618	10 592	10 613	10 878	10 787	10 429	10 560	10 689	10 548	10 496
La	0.01	0.02	0.03	0.01	0.08	0.01	0.01	0.01	0.07	0.00
Sb	0.19	0.57	0.00	1.50	0.23	0.00	0.00	0.23	0.12	0.65
Ce	0.02	0.00	0.01	0.01	0.01	0.02	0.02	0.00	0.05	0.01
Be	7.57	7.90	7.94	7.13	5.55	6.57	6.09	6.13	6.56	11.39
Ta	0.80	0.23	0.58	2.01	2.02	0.44	0.89	1.17	1.75	1.81
Nb	1.18	0.48	1.55	2.86	1.86	1.18	1.55	1.18	1.23	1.32
Zr	0.06	0.01	0.06	0.00	0.00	0.15	0.21	0.16	0.09	0.09
Sr	0.35	0.42	0.94	0.82	1.06	0.69	0.68	1.16	1.22	0.75
Sn	18.13	12.36	17.73	45.56	50.26	17.40	15.68	35.80	50.26	57.11
Li	587.00	415.00	618.00	6 579	7 281	578.00	781.00	5024	7392	8124
Gd	0.00	0.00	0.09	0.00	0.00	0.05	0.00	0.20	0.00	0.00
Ga	118	104	120	174	162	112	136	123	147	149
Cd	0.00	1.17	3.19	1.32	0.00	0.00	1.24	2.44	0.00	1.37
V	0.06	0.03	0.21	0.00	0.00	0.00	0.32	0.07	0.00	0.19
Zn	2701	2534	3400	5541	4106	3106	3597	5917	5222	3799
Cu	0.00	0.31	0.00	0.05	0.27	0.33	0.00	0.00	0.27	0.07
Sc	2.42	2.57	2.61	2.21	2.55	3.31	2.03	2.66	2.64	2.58
Ge	3.78	2.90	3.04	6.09	5.30	2.99	5.21	5.28	4.46	6.47
Co	2.98	2.94	2.71	0.29	0.09	2.90	1.48	0.38	0.07	0.12
Ni	0.00	0.48	0.00	0.00	0.08	0.00	0.00	1.38	0.00	0.00

注:点号 1～10 与图 4-32(a)中一一对应;后同。

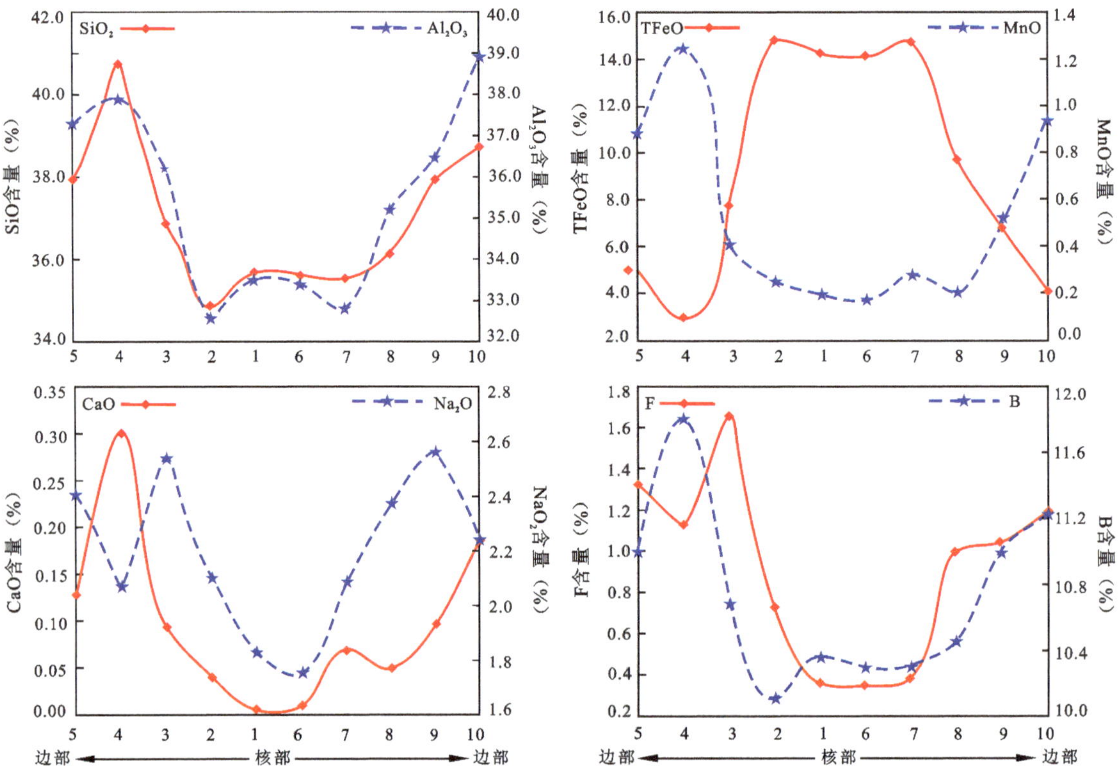

图 4-33　色带电气石主量元素变化图

微量元素成分变化结果（图 4-34）表明，自电气石核部至边部，Li、Zn、Ga、Ge、Pb、Sn、Nb、Ta 等不相容元素含量明显升高，这与岩浆正常结晶顺序相一致，表明色带电气石为正常结晶分异形成的生长环带，结晶过程中存在着化学成分的变化，边部 Zn 和 Pb 含量的相对降低表明岩浆演化至后期闪锌矿和方铅矿等达到饱和开始晶出，且闪锌矿可能更容易析出而消耗 S，最后导致方铅矿不易析出而相对升高。而 Nb、Ta 化学成分均有所下降，可能结晶过程中化学成分达到饱和，有铌钽矿物晶出。

断峰山电气石-绿柱石伟晶岩中带电气石边部 Li 含量已经高达 8124×10^{-6}，接近仁里矿区内锂电气石中 Li 平均含量 $12\ 318\times10^{-6}$，而仁里矿区内锂电气石中 Li 含量平均为 $12\ 318\times10^{-6}$，且上述研究表明该电气石尚处于铁锂电气石固溶体成分，岩脉处于岩浆演化早期，其后还存在演化更晚期的绿柱石伟晶岩与绿柱石-铌钽铁矿伟晶岩。因此，断峰山地区伟晶岩演化至后阶段的伟晶岩岩脉具有重要的锂矿找矿潜力。

2. *云母长石对矿化的启示*

伟晶岩中云母长石矿物微量元素的变化可以指示伟晶质岩浆的演化过程，反映伟晶质岩浆的化学演化阶段。Selway 等（2005）通过统计花岗质岩石和伟晶岩中云母微量元素特征，认为富集 Be 矿的绿柱石型伟晶岩中云母 Cs 含量为 $(100\sim500)\times10^{-6}$，Rb 含量为

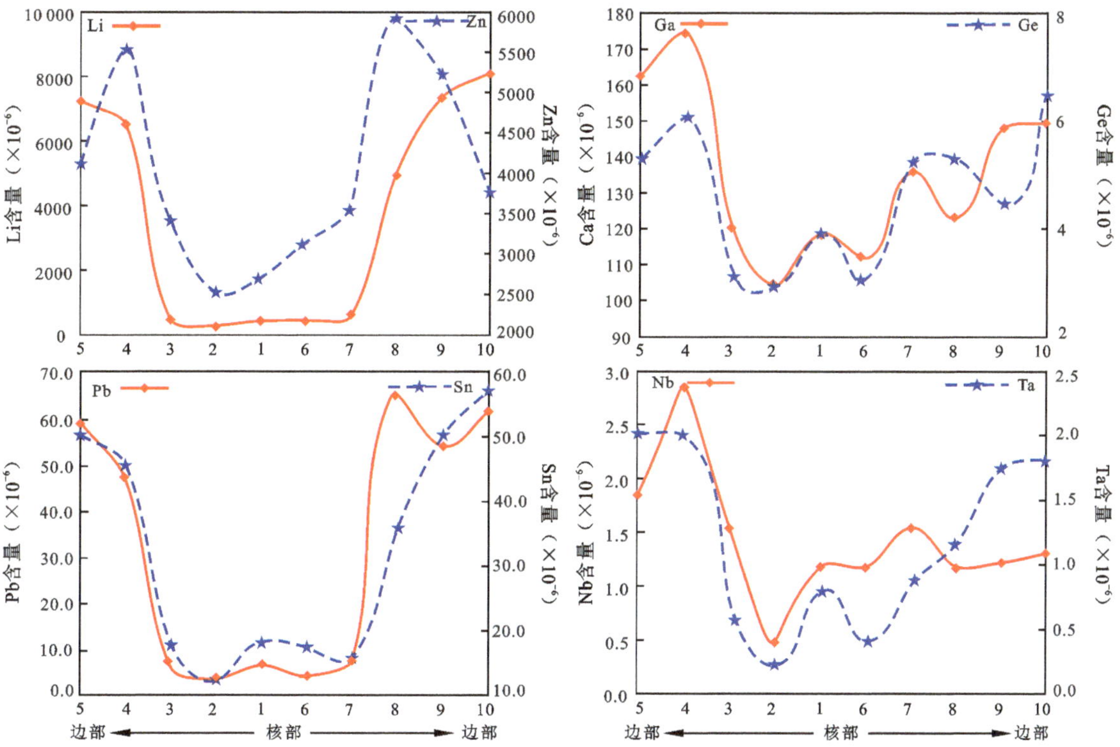

图 4-34　色带电气石微量元素变化图

$(1500\sim10\ 000)\times10^{-6}$，其 K/Rb 值为 20～50。断峰山地区绿柱石伟晶岩中云母 K/Rb 值为 80～83，Cs 含量为$(40\sim43)\times10^{-6}$，Rb 含量为$(1342\sim1413)\times10^{-6}$，表明该地区绿柱石伟晶岩即将演化至富集 Be 矿阶段。富集 Li 矿的锂辉石型伟晶岩中云母 Cs 含量$>500\times10^{-6}$，Rb 含量$>10\ 000\times10^{-6}$，K/Rb<20。仁里地区锂电气石-锂云母伟晶岩中云母 K/Rb 值为 18～24，Cs 含量为$(5537\sim7747)\times10^{-6}$，Rb 含量为$(4515\sim5762)\times10^{-6}$，十分接近富集锂矿伟晶岩脉。在钾长石 Cs-K/Rb 图解中（图 4-35）断峰山地区绿柱石伟晶岩处于富集铍矿阶段，仁里锂电气石-锂云母伟晶岩处于富集 Li、Be 阶段。

因此，各类伟晶岩脉的含矿性如下：电气石伟晶岩为贫矿伟晶岩，电气石-绿柱石伟晶岩和绿柱石伟晶岩开始富集铍矿，绿柱石-铌钽铁矿伟晶岩富集 Be、Nb、Ta 等，锂电气石-锂云母伟晶岩中富集 Li、Be、Nb、Ta 等。

幕阜山伟晶岩脉稀有元素的富集过程如图 4-36 所示：花岗质岩浆演化后期的伟晶质熔体首先结晶出不含矿的电气石伟晶岩，随后 Be 逐渐富集，绿柱石开始析出，形成电气石-绿柱石伟晶岩和绿柱石伟晶岩，随后 Nb、Ta 开始富集，铌钽铁矿开始析出，形成绿柱石-铌钽铁矿伟晶岩。岩浆继续演化会发生 Li 的富集，形成含锂矿物的伟晶岩脉。仁里地区岩脉演化处于富集 Li、Be、Nb、Ta 阶段，断峰山地区岩浆演化处于富集 Be、Nb、Ta 阶段，但具有富 Li 潜力。

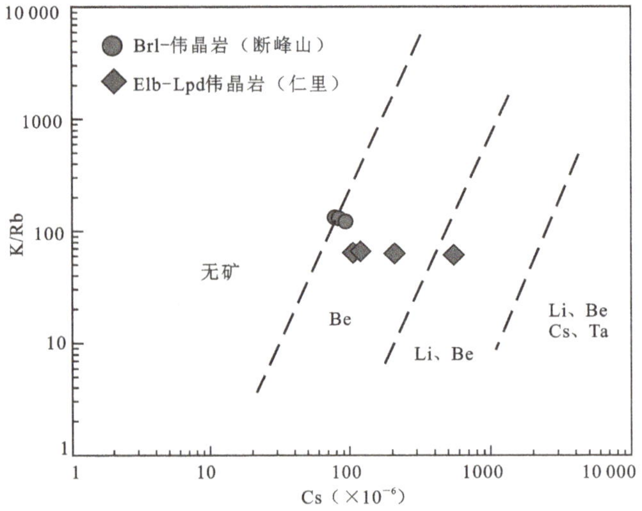

图 4-35　幕阜山伟晶岩钾长石 Cs-K/Rb 图解(据 Tureman et al.,1982)

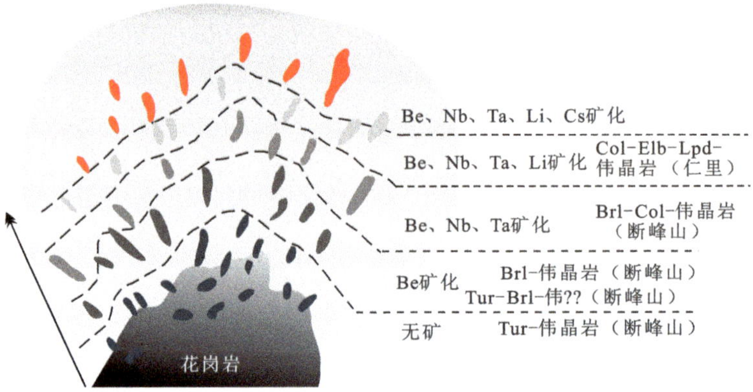

图 4-36　幕阜山岩体伟晶岩脉演化和稀有金属富集成矿过程模式图
(改自 Cerny,1991a)

三、伟晶岩脉成因和稀有元素富集过程

伟晶岩中稀有元素的来源和富集受众多条件的制约，有关岩浆成因伟晶岩中稀有元素富集机制，可能的成因模式有连续分离结晶模式、部分熔融模式、不同来源模式(Shearer et al.,1992)及岩浆液态不混溶成因(London et al.,1989)等。连续分离结晶模式强调岩浆连续的分离结晶会导致不相容元素的富集，并最终形成含稀有金属的伟晶岩。部分熔融模式则认为熔融程度的不同会形成不同的花岗质岩体，熔融程度较低时容易形成富集稀有金属的伟晶岩。不同来源模式强调稀有金属的来源。岩浆液态不混溶模式则强调挥发分的作用，

认为挥发分和流体相的存在会携带稀有金属在岩浆房顶部富集，最终形成独立的熔体相富集成矿。

幕阜山花岗复式岩基详细的调查研究显示，幕阜山复式岩体存在多期次多阶段的岩浆活动，岩体主要形成于晚侏罗世至早白垩世，形成时间主要集中在 158～127Ma（Wang et al.，2014；Ji et al.，2017，2018；Li et al.，2020）。闪长岩、花岗闪长岩和黑云二长花岗岩在年龄上没有明显差异，为同一时代的产物，集中在晚侏罗世（155～148Ma），二云二长花岗岩形成于早白垩世，年龄变化于 144～127Ma（Wang et al.，2014；Ji et al.，2017，2018a；Li et al.，2020）。Wang et al.（2014）通过详细解剖，认为幕阜山岩体存在着连续的岩浆演化序列。Li et al.（2020）通过年代学研究和锆石 Hf 同位素研究认为幕阜山花岗岩和伟晶岩为同源岩浆演化的产物，且伟晶岩的形成时代略晚于花岗岩类的形成时代。因此幕阜山伟晶岩脉的成因与幕阜山花岗岩类存在密切成因关系，极可能为幕阜山巨量花岗质岩浆长期、连续演化末期的产物，至少经历了二云二长花岗岩—白云二长花岗岩—伟晶岩脉的过程。

四、小结

通过对幕阜山北缘断峰山地区和南缘仁里地区伟晶岩的对比研究，得出以下认识：

（1）断峰山地区伟晶岩脉可以划分出 4 个演化类型，演化顺序依次为电气石伟晶岩→电气石-绿柱石伟晶岩→绿柱石伟晶岩→绿柱石-铌钽铁矿伟晶岩。仁里矿区伟晶岩为锂电气石-锂云母伟晶岩，演化阶段晚于断峰山 4 类伟晶岩。

（2）断峰山地区伟晶岩脉主要为富 Be 矿化和 Be、Nb、Ta 矿化，其化学分异过程为：黑电气石为贫矿伟晶岩脉，电气石-绿柱石伟晶岩和绿柱石伟晶岩为 Be 矿化，绿柱石-铌钽铁矿伟晶岩为 Be、Nb、Ta 矿化。仁里伟晶岩脉主要为 Li、Be、Nb、Ta 矿化。

（3）断峰山色带电气石记录了岩浆结晶分异的信息，色带电气石边部 Li 含量与锂电气石锂云母伟晶岩相近，断峰山地区具有富集锂矿潜力。

（4）幕阜山伟晶岩的形成主要受多期次的岩浆活动和连续分离结晶过程控制，中酸性岩浆经过连续分离结晶，形成二云二长花岗岩→白云二长花岗岩→花岗伟晶岩脉的演化序列，伟晶岩为花岗质岩浆分异末期的产物。

主要参考文献

陈柏林.论华南地区金矿床的成矿时代——兼与王秀璋等“华南加里东期金矿床的基本特征”一文的讨论[J].地质科技情报,2001(3):47-52.

陈旭,戎嘉余,ROUWLEY D B,等.对华南早古生代板溪洋的质疑[J].地质论评,1995,41(5):389-400.

陈毓川.中国新疆阿尔泰成矿带矿床地质、成矿规律与技术经济评价[M].北京:地质出版社,2003.

地质部701地质队.1∶5万幕阜山花岗岩区稀有金属矿产普查报告[R].北京:地质部701地质队,1965.

董树文,张岳桥,陈宣华,等.晚侏罗世东亚多向汇聚构造体系的形成与变形特征[J].地球学报,2008,29(3):306-317.

董树文,张岳桥,龙长兴,等.中国侏罗纪构造变革与燕山运动新诠释[J].地质学报,2007,81(11):1449-1461.

付建明,徐德明,陈希清,等.钦-杭成矿带(南西段)特征与成矿规律[J].矿物学报,2009,29(z1):423.

高林志,陈峻,丁孝忠,等.湘东北岳阳地区冷家溪群和板溪群凝灰岩SHRIMP锆石U-Pb年龄——对武陵运动的制约[J].地质通报,2011,30(7):1001-1008.

高林志,杨明桂,丁孝忠,等.华南双桥山群和河上镇群凝灰岩中的锆石SHRIMP U-Pb年龄——对江南新元古代造山带演化的制约[J].地质通报,2008,27(10):1744-1751.

顾雪祥,SCHULZ O,VAVTAR F,等.湖南沃溪钨-锑-金矿床的矿石组构学特征及其成因意义[J].矿床地质,2003(2):107-120.

郭令智,卢华复,施央申,等.江南中、新元古代岛弧的运动学和动力学[J].高校地质学报,1996,2(1):1-13.

郭文魁,刘兰笙,俞志杰.中国东部成矿域与成矿期的基本特征[J].矿床地质,1982(1):1-14.

何垚砚,牛志军,宋芳,等.鄂东南新元古界冷家溪群大药菇组地质特征及区域对比[J].地层学杂志,2017(2):79-92.

胡国成,吕文超,黄颖.钦-杭结合带金属矿产分布综述[J].中山大学研究生学刊(自然科学医学版),2010,31(2):48-58.

湖南省地质调查院.中国区域地质志湖南志[M].北京:地质出版社,2017.

华仁民,陈培荣,张文兰,等.华南中、新生代与花岗岩类有关的成矿系统[J].中国科学(D辑),2003,33(4):335-343.

黄志飚,李鹏,周芳春,等.幕阜山地区新元古代花岗岩地球化学特征及成因探讨[J].桂林理工大学学报,2018,38(4):614-624.

贾宝华,彭和求.湘东北前寒武纪地质与成矿[M].北京:地质出版社,2005.

贾宝华,彭和求,唐晓珊,等.湘东北文家市蛇绿混杂岩带的发现及意义[J].现代地质,2004,18(2):229-236.

金巍,田洋,龙文国,等.江南造山带(西段)[M].武汉:中国地质大学出版社,2018.

李乐广,王连训,田洋,等.华南幕阜山花岗伟晶岩的矿物化学特征及指示意义[J].地球科学,2019,44(7):2532-2550.

李鹏,刘翔,李建康,等.湘东北仁里-传梓源矿床5号伟晶岩岩相学、地球化学特征及成矿时代[J].地质学报,2019,93(6):1374-1391.

李鹏,李建康,裴荣富,等.幕阜山复式花岗岩体多期次演化与白垩纪稀有金属成矿高峰:年代学依据[J].地球科学,2017,42(10):1684-1696.

李献华,王选策,李武显,等.华南新元古代玄武质岩石成因与构造意义:从造山运动到陆内裂谷[J].地球化学,2008,37(4):382-398.

李兆麟,李文,杨荣勇,等.哀牢山变质带丫口宝石伟晶岩形成物理化学条件及成因研究[J].矿床地质,1998(s1):453-456.

刘宝珺,许效松,潘杏南,等.中国南方古大陆沉积地壳演化与成矿[M].北京:科学出版社,1993.

刘翔,周芳春,黄志飚,等.湖南平江县仁里超大型伟晶岩型铌钽多金属矿床的发现及其意义[J].大地构造与成矿学,2018,42(2):235-243.

刘凯,厉子龙,徐维光,等.华南中生代岩浆岩时空分布和迁移与古太平洋板块俯冲过程[J].矿物岩石地球化学通报,2016,35(6):1141-1155.

刘翔,周芳春,李鹏,等.湖南仁里稀有金属矿田地质特征、成矿时代及其找矿意义[J].矿床地质,2019,38(4):771-791.

刘义茂,王昌烈,胥友志,等.柿竹园超大型钨矿床的成矿作用与成矿条件[J].湖南地质,1995(4):211-219.

陆松年,李怀坤,陈志宏,等.新元古时期中国古大陆与罗迪尼亚超大陆的关系[J].地学前缘,2004,11(2):515-523.

吕正航,张辉,赵景宇.新疆柯鲁木特伟晶岩脉中石榴子石组成对岩浆-热液过程及Li矿化的制约[J].矿物学报,2017,37(3):247-257.

马东升,潘家永,解庆林,等.湘中锑(金)矿床成矿物质来源——Ⅰ.微量元素及其实验地球化学证据[J].矿床地质,2002(4):366-376.

马东升,潘家永,解庆林.湘中锑(金)矿床成矿物质来源——Ⅱ.同位素地球化学证据[J].矿床地质,2003(1):78-87.

马铁球,陈立新,柏道远,等.湘东北新元古代花岗岩体锆石SHRIMP U-Pb年龄及地球化学特征[J].中国地质,2009,36(1):65-73.

毛建仁,陶奎元,邢光福,等.中国东南大陆边缘中新生代地幔柱活动的岩石学记录[J].地球学报,1999,20(3):254－258.

毛景文,陈懋弘,袁顺达,等.华南地区钦杭成矿带地质特征和矿床时空分布规律[J].地质学报,2011,85(5):636－658.

毛景文,韩春明,王义天,等.中亚地区南天山大型金矿带的地质特征、成矿模型和勘查准则[J].地质通报,2002(12):858－868.

彭建堂,胡瑞忠.湘中锡矿山超大型锑矿床形成的制约因素[J].矿床地质,2002,21(s1):200－202.

彭松柏,刘松峰,林木森,等.华夏早古生代俯冲作用(Ⅰ):来自糯垌蛇绿岩的新证据[J].地球科学,2016,41(5):765－778.

水涛.绍兴-江山古陆对接带研究及矿产资源勘查[J].浙江国土资源,2007(2):41－44.

水涛.中国东南大陆基底构造格局[J].中国科学(B辑),1987(4):414－422.

宋传中,林寿发,周涛发,等.长江中下游及其邻区中生代构造体制转换[J].岩石学报,2010,26(9):2835－2849.

孙海清,黄建中,郭乐群,等.湖南冷家溪群划分及同位素年龄约束[J].华南地质与矿产,2012,28(1):20－26.

唐晓珊.湖南冷家溪群岩石地层的研究[J].湖南地质,1989(2):1－9.

田洋,金巍,王晶,等.江南造山带中段冷家溪群沉积物源及构造背景—以岳阳地区黄浒洞组为例[J/OL].地球科学(2020－05－09)[2020－05－20].http://kns.cnki.net/kcms/detail/42.1874.P.20200509.1239.002.html. DOI: 10.3799/dqkx.2020.101.

涂光炽.九十年代固体地球科学及超大型矿床研究若干进展[J].矿物学报,1997(4):357－363.

王鸿祯.中国华南地区地壳构造发展轮廓[M]//王鸿祯,杨巍然,刘本培.华南地区古大陆边缘构造史.武汉:中国地质大学出版社,1986:1－15.

王剑,周小琳,郭秀梅,等.华南新元古代盆地开启年龄及沉积演化特征——以赣东北江南次级盆地为例[J].沉积学报,2013,31(5):834－844.

王联魁,黄智龙.Li－F花岗岩液态分离的稀土地球化学标志[J].岩石学报,1999,15(2):170－180.

王联魁,王慧芬,黄智龙.Li－F花岗岩液态分离的微量元素地球化学标志[J].岩石学报,2000,16(2):145－152.

王濮,潘兆橹,翁玲宝,等.系统矿物学[M].北京:地质出版社,1982.

王贤觉.新疆阿尔泰3号伟晶岩脉碱的演化与地球化学阶段的划分[J].地球化学,1980(2):186－192.

王孝磊,周金城,陈昕,等.江南造山带的形成与演化[J].矿物岩石地球化学通报,2017,36(5):714－735.

文春华,陈剑锋,罗小亚,等.湘东北传梓源稀有金属花岗伟晶岩地球化学特征[J].矿物岩石地球化学通报,2016,35(1):171－177.

文春华,罗小亚,陈剑锋,等.湘东北幕阜山地区燕山期岩浆演化与稀有金属成矿的关系[J].

中国地质调查，2019，6(6)：19－28.

文春华.幕阜山南缘地区伟晶岩矿物学、地球化学特征及含矿性分析[J].矿物岩石地球化学通报，2017，36(1)：67－74.

吴福元，李献华，郑永飞，等.Lu－Hf同位素体系及其岩石学应用[J].岩石学报，2007，23(2)：185－220.

肖朝阳.平江瑚珮伟晶岩型铌钽矿床地质特征及成因[J].华南地质与矿产，2003(2)：63－67.

肖红全，赵葵东，蒋少涌，等.湖南东坡矿田金船塘锡铋矿床铅同位素地球化学及成矿年龄[J].矿床地质，2003(3)：264－270.

谢桂青，胡瑞忠，赵军红，等.中国东南部地幔柱及其与中生代大规模成矿关系初探[J].大地构造与成矿学，2001，25(2)：179－186.

邢光福，卢清地，陈荣，等.华南晚中生代构造体制转折结束时限研究——兼与华北燕山地区对比[J].地质学报，2008，82(4)：451－463.

徐嘉炜.论走滑断层作用的几个主要问题[J].地学前缘，1995(2)：125－136.

徐先兵，张岳桥，贾东，等.华南早中生代大地构造过程[J].中国地质，2009，36(3)：573－593.

许德如，邹凤辉，宁钧陶，等.湘东北地区地质构造演化与成矿响应探讨[J].岩石学报，2017，33(3)：695－715.

杨明桂，梅勇文.钦-杭古板块结合带与成矿带的主要特征[J].华南地质与矿产，1997(3)：52－59.

杨明桂，王昆.江西省地质构造格架及地壳演化[J].江西地质，1994(4)：239－251.

杨雪，张玉芝，崔翔，等.湘东北新元古代冷家溪群沉积岩的地球化学特征和碎屑锆石U－Pb年代学[J/OL].地球科学(2019－03－26)[2019－10－20].http：//kns.cnki.net/kcms/detail/42.1874.p.20190325.0950.006.html. DOI：10.3799/dqkx.2019.052.

杨岳清，王文瑛，倪云祥，等.福建南平花岗伟晶岩中绿柱石的矿物学研究[J].福建地质，1998(2)：68－78.

于津海，魏震洋，王丽娟，等.华夏陆块：一个由古老物质组成的年轻陆块[J].高校地质学报，2006，12(4)：440－447.

翟裕生，邓军，彭润民.中国区域成矿若干问题探讨[J].矿床地质，1999(4)：323－332.

张国伟，郭安林，王岳军，等.中国华南大陆构造与问题[J].中国科学(D辑)，2013，43(10)：1553－1582.

张克信，徐亚东，何卫红，等.中国新元古代青白口纪(1000～820Ma)洋陆分布[J].地球科学，2018，43(11)：3837－3852.

张岳桥，徐先兵，贾东，等.华南早中生代从印支期碰撞构造体系向燕山期俯冲构造体系转换的形变记录[J].地学前缘，2009，16(1)：234－247.

张岳桥，董树文，李建华，等.华南中生代大地构造研究新进展[J].地球学报，2012，33(3)：257－279.

赵风清，金文山，甘晓春，等.赣东北—浙西北登山群和松木坞群中火山岩的地球化学[J].前寒武纪研究进展，1997(2)：51－57.

赵小明,张开明,毛新武,等.中南地区大地构造相特征与成矿地质背景研究[M].武汉:湖北人民出版社,2015.

周芳春,李建康,刘翔,等.湖南仁里铌钽矿床矿体地球化学特征及其地质意义[J].地质学报,2019a,93(6):1392-1404.

周芳春,刘翔,黄志飚,等.湖南省平江县仁里矿区铌钽多金属矿普查阶段性成果报告[R].长沙:湖南省核工业地质局311大队,2017.

周芳春,刘翔,李建康,等.湖南仁里超大型稀有金属矿产的成矿特征与成矿模型[J].大地构造与成矿学,2019b,43(1):77-91.

周金城,王孝磊,邱检生,等.南桥高度亏损N-MORB的发现及其地质意义[J].岩石矿物学杂志,2003,22(3):212-216.

周金城,王孝磊,邱检生.江南造山带是否格林威尔期造山带?——关于华南前寒武纪地质的几个问题[J].高校地质学报,2008,14(1):64-72.

周起凤,秦克章,唐冬梅,等.阿尔泰可可托海3号脉伟晶岩型稀有金属矿床云母和长石的矿物学研究及意义[J].岩石学报,2013,29(9):48-51.

周效华,张彦杰,廖圣兵,等.皖赣相邻地区双桥山群火山岩的LA-ICP-MS锆石U-Pb年龄及其地质意义[J].高校地质学报,2012(4):609-622.

周永章,曾长育,李红中,等.钦州湾-杭州湾构造结合带(南段)地质演化和找矿方向[J].地质通报,2012,31(z1):486-491.

朱金初,李人科,周凤英,等.广西栗木水溪庙不对称层状伟晶岩—细晶岩岩脉的成因讨论[J].地球化学,1996(1):1-9.

朱金初,吴长年,刘昌实,等.新疆阿尔泰可可托海3号伟晶岩脉岩浆——热液演化和成因[J].高校地质学报,2000(1):40-52.

邹天人,徐建国.论花岗伟晶岩的成因和类型的划分[J].地球化学,1975(3):161-174.

ALTHERR R, HOLL A, HEGNER E, et al. High-potassium, calc-alkaline I-type plutonism in the European Variscides: northern Vosges (France) and northern Schwarzwald (Germany)[J]. Lithos, 2000, 50:51-73.

BARBARIN B. A review of the relationships between granitoid types, their origins and their geodynamic environments[J]. Lithos, 1999, 46(3): 605-626.

BEST M G, CHRISTIANSEN E H. Igneous petrology[M]. Oxford: Blackwell Science, Inc., 2001.

Castillo P R. Adakite Petrogenesis[J]. Lithos, 2012(134/135): 304-316.

CAWOOD P A, WANG Y J, XU Y J, et al. Locating South China in Rodinia and Gondwana: a fragment of greater India lithosphere? [J]. Geology, 2013, 41(8):903-906.

CAWOOD P A, ZHAO G C, YAO J L, et al. Reconstructing South China in Phanerozoic and Precambrian supercontinents[J]. Earth-Science Reviews, 2018, 186: 173-194.

CERNY P. Rare-element granitic pegmatites. Part I: anatomy and internal evolution of pegmatite deposits[J]. Geoscience Canada, 1991a, 18(2):49-67.

CERNY P. Rare-element granitic pegmatites. Part II: regional to global environments and petrogenesis[J]. Geoscience Canada, 1991b, 18(2):68 - 81.

CHEN C H, LEE C Y, SHINJO R, et al. Was there Jurassic paleo-Pacific subduction in South China? Constraints of $^{40}Ar/^{39}Ar$ dating, elemental and Sr - Nd - Pb isotopic geochemistry of the Mesozoic basalts[J]. Lithos, 2008, 106(1/2): 83 - 92.

CHEN C H, LIN W Y, LAN C Y, et al. Geochemical, Sr and Nd isotopic characteristics and tectonic implication for three stages of igneous rock in the Late Yanshanian (Crataceous) orogeny, SE China[J]. Earth and Environmental Science Transactions of the Royal Society of Edinburgh, 2004, 95(1/2): 237 - 248.

CHEN J F, YAN J, XIE Z, et al. Nd and Sr isotopic composition of igneous rocks fromthe Lower Yangtze region in eastern China: constraints on sources[J]. Physics and Chemistry of the Earth, Part A: Solid Earth and Geodesy, 2001, 26(9/10): 719 - 731.

CHEN J, JAHN B M. Crustal evolution of southeastern China:Nd and Sr isotopic evidence [J]. Tectonophysics, 1998, 284(1/2):101 - 133.

CHEN L, ZHAO Z F, ZHENG Y F. Origin of andesitic rocks:geochemical constraints from Mesozoic volcanics in the Luzong basin, South China[J]. Lithos, 2014, 190 - 191: 220 - 239.

CLEMENS J D, WATKINS J M. The fluid regime of high-temperature metamorphism during granitoid magma genesis[J]. Contributions to Mineralogy and Petrology, 2001, 140(5): 600 - 606.

CONDIE K C. Mantle plumes and their record in earth history[M]. Oxford, UK: Cambridge University Press, 2001.

DEFANT M J, DRUMMOND M S. Derivation of some modern arc magmas by melting of young subducted lithosphere[J]. Nature, 1990, 347: 662 - 665.

DENG Z B, LIU S W, ZHANG L F, et al. Geochemistry, zircon U - Pb and Lu - Hf isotopes of an Early Cretaceous intrusive suite in northeastern Jiangxi Province, South China Block: implications for petrogenesis, crust/mantle interactions and geodynamic processes[J]. Lithos, 2014, 200 -201: 334 - 354.

DENIEL C, VIDAL P, FERNANDEZ A, et al. Isotopic study of the Manaslu granite (Himalaya, Nepal): inferences on the age and source of Himalayan leucogranites [J]. Contributions to Mineralogy and Petrology, 1987, 96(1): 78 - 92.

FITTON J G. Coupled molybdenum and niobium depletion in continental basalts[J]. Earth and Planetary Science Letters, 1995, 136:715 - 721.

Gilder S A, Gill J, Coe R S. Isotopic and paleomagnetic constraints on the Mesozoic tectonic evolution of south China[J]. Journal of Geophysical Research, 1996, 101(B7): 16137 - 16154.

HENRY D J, GUIDOTTI C V. Tourmaline as a petrogenetic indicator mineral: An example from the staurolite-grade metapelites of NW Maine[J]. American Mineralogist, 1985, 70(1): 1 - 15.

HENRY D J, NOVAK M, HAWTHORNE F C, et al. Nomenclature of the tourmaline-supergroup minerals[J]. American Mineralogist, 2011, 96(5/6): 895 - 913.

HSÜ K J, Li J, CHEN H, et al. Tectonics of South China: key to understanding West Pacific geology[J]. Tectonophysics, 1990, 183(1): 9 - 39.

HSÜ K J, SUN S, LI J L, et al. Mesozoic overthrust tectonics in South China[J]. Geology, 1998, 16(5): 418 - 421.

IRVINE T H, BARAGAR W R. A guide to the chemical classification of the common volcanic rocks[J]. Canadian Journal of Earth Sciences, 1971, 8: 523 - 548.

JAHNS R H, BURNHAM C W. Experimental studies of pegmatite genesis: l. a model for the derivation and crystallization of granitic pegmatites[J]. Economic Geology, 1969, 64(1): 843 - 864.

JI W B, FAURE M, LIN W, et al. Multiple emplacement and exhumation history of the Late Mesozoic Dayunshan—Mufushan batholith in southeast China and its tectonic significance: 1. structural analysis and geochronological constraints[J]. Journal of Geophysical Research: Solid Earth, 2018, 123(1): 689 - 710.

JI W B, LIN W, FAURE M, et al. Origin of the Late Jurassic to Early Cretaceous peraluminous granitoids in the northeastern Hunan Province (middle Yangtze region), South China: geodynamic implications for the Paleo-Pacific subduction[J]. Journal of Asian Earth Sciences, 2017, 141: 174 - 193.

JIANG Y H, JIANG S Y, DAI B Z, et al. Middle to Late Jurassic felsic and mafic magmatism in southern Hunan Province, Southeast China: implications for a continental arc to rifting[J]. Lithos, 2009, 107: 185 - 204.

JIANG Y H, ZHAO P, ZHOU Q, et al. Petrogenesis and tectonic implications of Early Cretaceous S-and A-type granites in the northwest of the Gan-Hang rift, SE China[J]. Lithos, 2011, 121: 55 - 73.

KIEFFER B. Flood and shield basalts from Ethiopia: magmas from the African superswell [J]. Journal of Petrology, 2004, 45(4):793 - 834.

LI J K, LIU C Y, LIU X, et al. Tantalum and niobium mineralization from F- and Cl-rich fluid in the lepidolite-rich pegmatite from the Renli deposit in northern Hunan, China: constraints of fluid inclusions and lepidolite crystallization experiments[J]. Ore Geology Reviews, 2019, 115: 103 - 187.

LI J Y, WANG X L, ZHANG F F, et al. A rhythmic source change of the Neoproterozoic basement meta-sedimentary sequences in the Jiangnan Orogen: implications for tectonic evolution on the southeastern margin of the Yangtze Block[J]. Precambrian Research, 2016, 280: 46 - 60.

LI P, LI J K, LIU X. Geochronology and source of the rare-metal pegmatite in the Mufushan area of the Jiangnan orogenic belt: a case study of the giant Renli Nb - Ta deposit in Hunan, China [J/OL]. Ore Geology Reviews. 2019, 116[2020 - 02 - 07]. https://www.sciencedirect.com/

science/article/pii/S0169136819300885. DOI: 10.1016/j.oregeorev.2019.103237.

LI X H, LI W X, LI Z X, et al. Amalgamation between the Yangtze and Cathaysia Blocks in South China: constraints from SHRIMP U-Pb zircon ages, geochemistry and Nd-Hf isotopes of the Shuangxiwu volcanic rocks[J]. Precambrian Research, 2009, 174(1/2): 117-128.

LI X H. Cretaceous magmatism and lithospheric extension in southeast China[J]. Journal of Asian Earth Sciences, 2000, 18(3): 293-305.

LI Z X, BOGDANOVA S V, COLLINS A S, et al. Assembly, configuration, and break-up history of Rodinia: a synthesis[J]. Precambrian Research, 2008, 160(1/2): 179-210.

LI Z X, LI X H, CHUNG S L, et al. Magmatic switch-on and switch-off along the South China continental margin since the Permian: transition from an Andean-type to a Western Pacific-type plate boundary[J]. Tectonophysics, 2012, 532-535: 271-290.

LI Z X, LI X H. Formation of the 1300 km-wide intracontinental orogen and postorogenic magmatic province in Mesozoic South China: a flat-slab subduction model[J]. Geology, 2007, 35(2): 179-182.

LIANG X Q, DONG C G, JIANG Y, et al. Zircon U-Pb, molybdenite Re-Os and muscovite Ar-Ar isotopic dating of the Xitian W-Sn polymetallic deposit, eastern Hunan Province, South China and its geological significance[J]. Ore Geology Reviews, 2016, 78: 85-100.

LING M X, WANG F Y, DING X, et al. Different origins of adakites from the Dabie Mountains and the Lower Yangtze River Belt, eastern China: geochemical constraints[J]. International Geology Review, 2011, 53(5/6): 727-740.

LONDON D, MORGAN G B, HERVIG R L. Vapor-undersaturated experiments with Macusani glass + H_2O at 200 MPa, and the internal differentiation of granitic pegmatites[J]. Contributions to Mineralogy & Petrology, 1989, 102(1): 1-17.

MANNING D A C. Chemical variation in garnets from aplites and pegmatites, peninsular Thailand[J]. Mineralogical Magazine, 1983, 47(344): 353-358.

MONIER G, ROBERT J L. Evolution of the miscibility gap between muscovite and biotite solid solutions with increasing lithium content: an experimental study in the system K_2O-Li_2O-MgO-FeO-Al_2O_3-SiO_2-H_2O-HF at 600℃, 2kbar P_{H_2O}: comparison with Natural Lithium Micas[J]. Mineralogical Magazine, 1986, 50(358): 641-651.

MORGAN G B, LONDON D. Crystallization of the Little Three layered pegmatite-aplite dike, Ramona District, California[J]. Contributions to Mineralogy & Petrology, 1999, 136(4): 310-330.

PECCERILLO R, TAYLOR S R. Geochemistry of eocene calc-alkaline volcanic rocks from the Kaatamonu area, Northern Turkey[J]. Contributions to Mineralogy and Petrology, 1976, 58(1): 63-81.

RUDNICK R L, GAO S. Composition of the continental crust[M]//RUDNICK R L. Treatise on geochemistry: volume 3 the crust. Oxford, England: Pergamon, 2003: 1-64.

SAUNDERS A D, STOREY M, KENT R W, et al. Consequences of plume-lithosphere interactions[J]. Geological Society London Special Publications, 1992, 68(1):41－60.

SELWAY J B, BREAKS F W, TINDLE A G. A review of rare-element (Li－Cs－Ta) pegmatite exploration techniques for the Superior Province, Canada, and large worldwide tantalum deposits[J]. Exploration & Mining Geology, 2005, 104(1):58－61.

SHEARER C K, PAPIKE J J, JOLLIFF B L. Petrogenetic links among granites and pegmatites in the Harney Peak rare-element granite-pegmatite system, Black Hills, South Dakota [J]. Canadian Mineralogist, 1992, 30: 785－809.

SHU L S, WANG J Q, YAO J L. Tectonic evolution of the eastern Jiangnan region, South China: new findings and implications on the assembly of the Rodinia supercontinent [J]. Precambrian Research, 2019, 322: 42－65.

SUN S S, MCDONOUGH W F. Chemical and isotopic systematics of oceanic basalts: implication for mantle composition and processes[M]//SAUDER A D, NORRY M J. Magmatism in the ocean basins. Geological Society Special Publication, 1989: 313－345.

SYLVESTER P J. Post-collisional strongly peraluminous granites[J]. Lithos, 1998, 45: 29－44.

TANG Y, WANG H, ZHANG H, et al. K-feldspar composition as an exploration tool for pegmatite-type rare metal deposits in Altay, NW China[J]. Journal of Geochemical Exploration, 2018, 185:130－138.

TINDLE A G, WEBB P C. Estimation of lithiumcontents in trioctahedral micas using microprobe data: application to micas from granitic rocks[J]. European Journal of Mineralogy, 1990, 2(5): 595－610.

TISCHENDORF G, GOTTESMANN B, FÖRSTER H, et al. On Li-bearing micas: estimating Li from electron microprobe analyses and an improved diagram for graphical representation [J]. Mineralogical Magazine, 1997, 61(408): 809－834.

TRUEMAN D, CERNY P. Exploration for rare-element granitic pegmatites[M]//CERNY P. Granitic pegmatites in science and industry. Vol. 8. Mineralogical Association of Canada short course handbook. Winnipeg, MB: Mineralogical Association of Canada, 1982: 463－493.

VI G B M, LONDON D. Crystallization of the Little Three layered pegmatite-aplite dike, Ramona District, California[J]. Contributions to Mineralogy & Petrology, 1999, 136(4):310－330.

WANG J, DENG Q, WANG Z J, et al. New evidences for sedimentary attributes and timing of the "Macaoyuan conglomerates" on the northern margin of the Yangtze block in southern China [J]. Precambrian Research, 2013, 235: 58－70.

WANG J, ZHOU X L, DENG Q, et al. Sedimentary successions and the onset of the Neoproterozoic Jiangnan sub-basin in the Nanhua rift, South China[J]. International Journal of Earth Sciences, 2015, 104(3): 521－539.

WANG L X, MA C Q, ZHANG C, et al. Genesis of leucogranite by prolonged fractional crystallization: a case study of the Mufushan complex, South China[J]. Lithos, 2014, 206－207

(1): 147 -163.

WANG R C, CHE X D, ZHANG W L, et al. Geochemical evolution and late re-equilibration of Na-Cs-rich beryl from the Koktokay ＃3 pegmatite (Altai, NW China)[J]. European Journal of Mineralogy, 2009, 21(4): 795 - 809.

WANG, ZHOU M F, YAN D P, et al. Detrital zircon record of Neoproterozoic active-margin sedimentation in the eastern Jiangnan Orogen, South China[J]. Precambrian Research, 2013, 235: 1 - 19.

WANG Y J, ZHOU T Z, CAI Y F, et al. Geochronological and geochemical constraints on the petrogenesis of the Ailaoshan granitic and migmatite rocks and its implications on Neoproterozoic subduction along the SW Yangtze Block[J]. Precambrian Research, 2016, 283: 106 - 124.

WATSON E B, HARRISON T M. Zircon saturation revisited: temperature and composition effects in a variety of crustal magma types[J]. Earth and Planetary Science Letters, 1983, 64(2): 295 -304.

XIA Y, XU X, NIU Y, et al. Neoproterozoic amalgamation between Yangtze and Cathaysia blocks: the magmatism in various tectonic settings and continent-arc-continent collision [J]. Precambrian Research, 2018, 309: 56 - 87.

YAN J, CHEN J F, XU X S. Geochemistry of Cretaceous mafic rocks from the Lower Yangtze region, eastern China: characteristics and evolution of the lithospheric mantle[J]. Journal of Asian Earth Sciences, 2008, 33(3/4): 177 - 193.

YANG S Y, JIANG S Y, ZHAO K D, et al. Geochronology, geochemistry and tectonic significance of two Early Cretaceous A-type granites in the Gan-Hang Belt, Southeast China[J]. Lithos, 2012, 150: 155 - 170.

YANG W, ZHANG H F. Zircon geochronology and Hf isotopic composition of Mesozoic magmatic rocks from Chizhou, the Lower Yangtze Region: Constraints on their relationship with Cu - Au mineralization[J]. Lithos, 2012, 150(5): 37 - 48.

YU X Q, SHU L S, YAN T Z, et al. Prototype and sedimentation of red basins along the Ganhang tectonic belt[J]. Acta Sedimentologica Sinica, 2005, 23(1): 12 - 20.

ZHANG F F, WANG X L, WANG D, et al. Neoproterozoic backarc basin on the southeastern margin of the Yangtze block during Rodinia assembly: new evidence from provenance of detrital zircons and geochemistry of mafic rocks[J]. Geological Society of America Bulletin, 2017, 129(7/8): 904 - 919.

ZHANG Y Z, WANG Y J, GENG H Y, et al. Early Neoproterozoic (～850Ma) back-arc basin in the Central Jiangnan Orogen (Eastern South China): geochronological and petrogenetic constraints from meta-basalts[J]. Precambrian Research, 2013, 231: 325 - 42.

ZHANG Y, YANG J H, CHEN J Y, et al. Petrogenesis of Jurassic tungsten-bearing granites in the Nanling Range, South China: evidence from whole-rock geochemistry and zircon

U - Pb and Hf - O isotopes[J]. Lithos, 2017, 278 - 281: 166 - 180.

ZHAO G C, CAWOOD P A. Precambrian geology of China[J]. Precambrian Research, 2012, 222 - 223: 13 - 54.

ZHAO G C, GUO J H. Precambrian geology of China: preface[J]. Precambrian Research, 2012, 222 - 223: 1 - 12.

ZHAO G C. Jiangnan Orogen in South China: developing from divergent double subduction [J]. Gondwana Research, 2015, 27 (3): 1173 - 1180.

ZHENG Y F, WU R X, WU Y B, et al. Rift melting of juvenile arc-derived crust: geochemical evidence from Neoproterozoic volcanic and granitic rocks in the Jiangnan Orogen, South China[J]. Precambrian Research, 2008, 163(3/4): 351 - 383.

ZHENG Y F, ZHANG S B, ZHAO Z F, et al. Contrasting zircon Hf and O isotopes in the two episodes of Neoproterozoic granitoids in South China: implications for growth and reworking of continental crust[J]. Lithos, 2007, 96(1/2): 127 - 150.

ZHOU J C, WANG X L, QIU J S, et al. Geochemistry of Meso - and Neoproterozoic mafic - ultramafic rocks from northern Guangxi, China: arc or plume magmatism? [J]. Geochemical Journal, 2004, 38: 139 - 152.

ZHOU M F, MA Y, YAN D P, et al. The Yanbian Terrane (Southern Sichuan Province, SW China): a Neoproterozoic arc assemblage in the western margin of the Yangtze Block[J]. Precambrian Research, 2006, 144(1/2): 19 - 38.

ZHOU M F, YAN D P, KENNEDY A K, et al. SHRIMP U - Pb zircon geochronological and geochemical evidence for Neoproterozoic arc-magmatism along the western margin of the Yangtze Block, South China[J]. Earth and Planetary Science Letters, 2002, 196(1): 51 - 67.

ZHOU X M, LI W X. Origin of Late Mesozoic igneous rocks in Southeastern China: implications for lithosphere subduction and underplating of mafic magmas[J]. Tectonophysics, 2000, 326(3/4): 269 - 287.

ZHOU X, SUN T, SHEN W, et al. Petrogenesis of Mesozoic granitoids and volcanic rocks in South China: a response to tectonic evolution[J]. Episodes, 2006, 29(1): 26 - 33.

图书在版编目(CIP)数据

幕阜山西北缘中生代岩浆岩与稀有金属成矿/田洋等编著．—武汉：中国地质大学出版社，2020.6

ISBN 978-7-5625-4783-9

Ⅰ.①幕…

Ⅱ.①田…

Ⅲ.①中生代-火成岩-地质构造-研究-湖南、湖北 ②稀有金属矿床-成矿作用-研究-湖南、湖北

Ⅳ.①P542.3 ②P618.601

中国版本图书馆 CIP 数据核字(2020)第 082551 号

幕阜山西北缘中生代岩浆岩与稀有金属成矿　　　　田　洋　等编著

责任编辑：龙昭月　　　　责任校对：徐蕾蕾

出版发行：中国地质大学出版社(武汉市洪山区鲁磨路 388 号)　　　　邮政编码：430074

电　话：(027)67883511　　传　真：(027)67883580　　E-mail:cbb@cug.edu.cn

经　销：全国新华书店　　　　http://cugp.cug.edu.cn

开本：787 毫米×1092 毫米 1/16　　　　字数：199 千字　　印张：8.25

版次：2020 年 6 月第 1 版　　　　印次：2020 年 6 月第 1 次印刷

印刷：广东虎彩云印刷有限公司

ISBN 978-7-5625-4783-9　　　　定价：128.00 元